"小科学家"系列

课本上读不到的天文故事

李　琳◇编著

KEBEN SHANG DUBUDAO DE
TIANWEN GUSHI

图书在版编目(CIP)数据

课本上读不到的天文故事/李琳编著.—广州：华南理工大学出版社，2013.8
(2021.1重印)
ISBN 978-7-5623-3994-6

Ⅰ.①课… Ⅱ.①李… Ⅲ.①天文学-青年读物 ②天文学-少年读物
Ⅳ.①P1-49

中国版本图书馆CIP数据核字(2013)第163171号

课本上读不到的天文故事
李琳 编著

出 版 人：韩中伟
出版发行：华南理工大学出版社
(广州五山华南理工大学17号楼，邮编510640)
http://www.scutpress.com.cn E-mail:scutc13@scut.edu.cn
营销部电话：020-87113487 87111048(传真)
策划编辑：李良婷
责任编辑：潘江曼 江肖莹
印 刷 者：广东虎彩云印刷有限公司
开 本：787mm×960mm 1/16 **印张**：13 **字数**：239千
版 次：2013年8月第1版 2021年1月第3次印刷
定 价：22.00元

前　言

"世界上最让孩子们入迷的，一是恐龙，再就是太空。"

这是一位伟大的天体物理学家说的。

没错，恐龙，这个曾经统治地球的庞然大物，是怎么产生？又是怎么灭绝？浩瀚的星空、无垠的宇宙，到底有多大？又存在着怎样的奇特物质？这些问题都是我们最感兴趣的话题。

不过你知道吗，其实恐龙灭绝与太空的秘密有关，你一定会觉得，这简直不可思议吧。

一些科学家推测，在很久很久以前，太空中遨游着许多小行星，平时这些小行星在远离地球的轨道上运行。在6 500万年前的一天，一些小行星偏离了原来的运行轨道，冲着地球飞奔而来，强烈地撞击地球，在地球表面砸出了一个直径约200千米的大坑。撞击时发生猛烈的大爆炸，释放的能量与几百颗原子弹、氢弹同时爆炸相当。地球瞬间变成了地狱：到处都被黑暗和寒冷笼罩，有的地方发生海啸，有的地方燃起大火，还有的地方下起酸雨，这导致很多动植物灭亡，恐龙也就是在这场灾难中走向灭绝的。

真是不可思议，世界上竟发生过这样的事情？

这是当然啦，大千世界无奇不有，诸如此类的事情还有很多。比如说，很多人眼中无边无际的宇宙大世界，很可能起源于一次宇宙"大爆炸"；大爆炸之前的宇宙可能是一个很小很小的粒子，它似有非有，时而存在，时而湮没；更令人惊奇的是，那样小的粒子里竟然包罗万象，那里面包含着世上的所有东西，包括太阳、星星、空间、时间，等等。地球当然也包括其中，不同的是，地球在诞生之后的漫长时间里，发生了

许多星球都没有发生过的事情，那就是出现了大海，大海孕育了最初的生命体，后来又出现了巨大的恐龙，再后来恐龙灭绝……

这一切都是真的吗？

或许是，或许不是，科学家们都在想尽办法了解宇宙的产生、发展以及未来变化，在努力找出地球与太空之间的神秘联系。到底这些变化和联系是什么呢？那就让我们打开这本书，从中捕获有关宇宙、地球的诸多天文话题，找出许多存留在你心中问题的谜底吧！

小朋友们，让我们现在就出发，到遥远的星空中去看一看，到梦想中的宇宙大世界中去遨游。

目录

第1章

拉开宇宙的帷幕

——神秘的宇宙

第2章

到星星岛去做客

——美丽的星空

第3章

超越时空的界限

——走进时间隧道

第4章

宇宙送给人类的蓝色城堡

——地球的秘密

第5章

阳光里的奥秘

——太阳之歌

第6章

永不变心的卫兵

——窥探月球

第7章

亿万年不灭的神灯

——揭秘恒星

第12章

天文馆奇幻剧场

——有趣的天文故事

第13章

地球之外有生物吗

——UFO与外星人之谜

第14章

仰望星空的伟大人物

——天文学家

第1章

拉开宇宙的帷幕

——神秘的宇宙

像气球一样爆炸的宇宙

小时候，差不多每个孩子都曾好奇，总喜欢向大人提问题。例如，问大人自己是从哪儿来的呢？有的爸爸说，我们是从树上结出的果实里找到的；有的妈妈说，我们是从石头里蹦出来的。最有意思的是，在一些神话里，孩子是从父亲的脚趾头里生出来的呢！

随着我们慢慢长大，问题越来越多，开始提出各式各样的问题，关于家庭、学校、田野、大海、世界、地球甚至是宇宙。你会发现，所有的疑问，最早、最初其实来源于宇宙。没有宇宙的存在，我们身边的一切都将化为乌有。

那么，我们就从宇宙的产生开始谈起吧！

宇宙，它听起来就让人觉得广大无边，不过，它再庞大，总会有它的开始，它也和人一样，有一个产生的过程。

人类的出现，是近几十万年的事情，比起宇宙老先生的年纪可差得太远了。宇宙是怎么产生的，人类总是怀着强烈的好奇心，对其进行细致入微的研究，看看宇宙是否也是在“妈妈”肚子里孕育？

世界各国的科学家们，花了许许多多心思探索这个问题，找出林林总总的证据，提出了各种各样的想法。但到现在仍然没有完全定论，因为谁也没有像亲眼看见自己出生一样看见过宇宙的出生。不过，不少科学家同意其中一种想法，就是宇宙是通过一次大爆炸诞生出来的。

我们想象一下，“嘣”的一声巨响，整个宇宙就在这一次爆炸中产生了！它就像一个气球爆炸一样，只不过这个气球非常非常大。

一切听起来这样简单，但这可是科学家经过呕心沥血的研究才得出来的。这种想法并非无凭无据，凭空想象的，而是有根据的，只不过因为终究不是特别真切，因而叫作假说：

“大约在200亿年以前，我们现在所处的宇宙，是一个密度非常大、温度高达上百亿摄氏度的大火球，大火球中所有的物质都比亲兄弟还要亲地紧紧拥抱在一起。后来，由于一种不明的原因，这个大火球开始不断膨胀，终于有一天到了极限，发生了大爆炸，火球中的各种物质尽情地四射，发散到很远很远的地方。后来随着温度慢慢降低，那些散落的物质开始集合起来，形成了许多星系和像我们的地球似的星球，宇宙就这样诞生了。”

宇宙大爆炸

虽然赞成“宇宙大爆炸”假说的人很多，但也有人对这个说法提出疑问。有的人说，宇宙是一种特殊力量建造出来的，就像人类建造一所房子、一座高楼。但究竟是怎样的一种特殊力量，谁有这样大的能力建了如此大的房子呢？提出这个说法的人也弄不准。

这样看来，宇宙是如何诞生的，还真难住了伟大的科学家们呢！不过，终究有一天，人类会找到宇宙的起源，同时也为宇宙找到他的母亲。

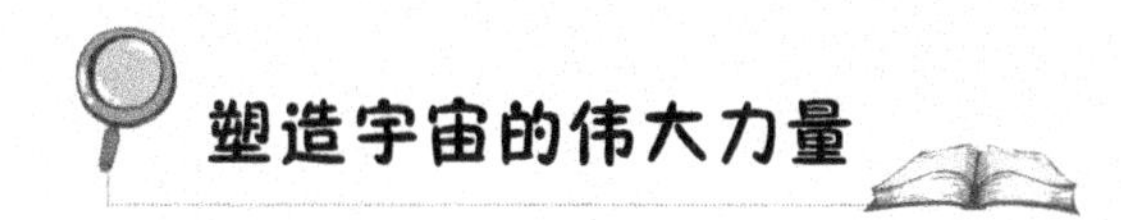

塑造宇宙的伟大力量

如果把“大爆炸”当作是宇宙的母亲，她生下的宇宙可真了不起，他有着无边无际的空间和无与伦比的力量，就连大力神安泰也比不上的。

安泰是谁呢？原来他是古希腊神话中的一个巨人，他的父亲是大海之神波塞冬，母亲是大地之神盖娅。安泰力大无穷，人世间没有谁能打得过他。为什么他有这么大的力量呢？原来是因为他不断地吸取大地母亲的力量，只要不离开地面，力量就会源源不断、永不枯竭。

后来，他的敌人赫拉克勒斯发现了这个秘密，在他和安泰进行交战时，想办法把安泰举到空中，凭借这一招，赫拉克勒斯终于打败了安泰。

安泰的力量虽然大，但跟宇宙的力量比起来还差得很远。

宇宙的空间里有无数的星云和星系，星云和星系又是由无数个像太阳、月亮、地球一样的星球组成，只是这些星云、星系距离我们太遥远了，导致那些星球看起来太小，不是变作了星星，就是变作了像银河系一样的空中彩带。能够容纳这么多星球，那得有多大的胸怀和能量啊，这又岂是安泰可比的呢？

不过，宇宙到底能包含多少重量的东西呢？它究竟有多大力量，又是用哪种力量维持日月星辰那样安静地悬在空中呢？这些问题真是太难回答了。

人类经过大约2 000 年的积累和研究，发现宇宙怀抱里有几种神秘的驱动力量，使它获得了无与伦比的力量：

第一种力是重力。因为有重力的存在，地球等行星才会围绕着太阳旋转，才有了太阳系；如果重力消失了，空中的星球就会解散。比如地球，若没有重力的牵引便会在一瞬间被撕成碎片。

第二种力是电磁力。因为有了这种力，我们才能使用电视、电灯、电话、收录机等，而宇宙的星球间、星系间都会有一些看不见的电磁力。

第三种力是弱核力。这种力能造成自然界的火山喷发；医生还能利用它来给病人的大脑照相。

第四种力是强核力。核武器就是由这种力推动的。

如果没有弱核力和强核力，宇宙就会变得黑暗，水就会冻结成冰，人类也就不能生存了。

科学家认为，宇宙在刚刚出生的时候是柔和、均匀且具有对称性的，就像一个熟睡的宝宝。那时，重力、电磁力、弱核力和强核力这四种力在一种“超力”控制之下乖乖听话；而在宇宙成长中膨胀和冷却的时候，这四种力就逐渐从“超力”中分裂出去，从而造就了今天我们所看到的这样一个千姿百态的宇宙世界。这四种力量维持了宇宙如今的模样，让宇宙拥有格外强大的力量，来包容万象世界。

宇宙图像

宇宙先生会死吗

“星星和太阳都不再升起，四周黑暗一片，没有潺潺的流水，没有声音，没有景色，也没有冬天的落叶和春天的嫩芽；没有白天，没有劳动的欢乐，在那永恒的黑夜里，只有没有尽头的梦境。”

如果出现了这样的情况，你会觉得害怕吧？传说中的世界末日也不过如此罢了。

这是 19 世纪一位名叫斯温朋的英国诗人写下的一首诗，这首诗是对宇宙的未来作的一番描述。

这位诗人并不是随便写几句诗歌，他是根据 19 世纪德国物理学家克劳修斯的学说写出来的。

克劳修斯是研究热力学的专家，他提出了一个定律："热量不能自发地从比较冷的物体传到比较热的物体。"这就像我们在冬天里，到外面玩了一圈，回到家里之后将手放在暖暖的火炉前取暖，你会发现手变暖了，但火炉却没有变冷一样。

这是为什么呢？原来，热量（能量）虽然是互相传递的，但低温的物体释放的能量远远小于它从高温物体那里所吸收的能量。在冷和热分布不均的情况下，能量主要从高温物体向低温物体传递，在这个能量流动的过程中，冷和热之间的差异将不断缩小，最后能量会趋于均匀地分布。

我们一定会想，冬天的时候只要有小火炉，就一定不会挨冻。可是如果把这个定律拿来解释宇宙能量的运动，你将意识到未来可能会发生非常可怕的事情。

假如宇宙的能量和温度达到绝对均匀，就会出大事啦！在宇宙的不同角落里，都有各式各样高温的天体存在，在天体周围又有冰冷的空间。假如整个宇宙的温度完全平均，那么所有的能量都会终止运动，它不会再从高温的地方向低温的地方传送，恒星和星系的能量也会燃烧殆尽。到了那个时候，宇宙就会陷入永久的死寂，不温不火、没有动静。

这就是天文学家提出的"热寂说"。

天啊，难道真的会有这样的一天吗，宇宙也会死亡吗？

1969 年，英国天文学家马丁·里斯提出了"宇宙坍缩"说，他说宇宙将来会发生大坍缩，到时候宇宙中的所有星系将会突然收缩到一起，互相碰撞成一摊烂泥。

这些学说和理论都指向了一个事实，宇宙先生也会衰老死亡，或许这需要几十亿年甚至几百亿年，但终有一天，他也会生命终结。谁能来拯救宇宙先生呢？那恐怕需要人类用尽智慧，发明出各种各样拯救宇宙的工具。或许有一天，宇宙的生命会因人类的发明而延长呢！

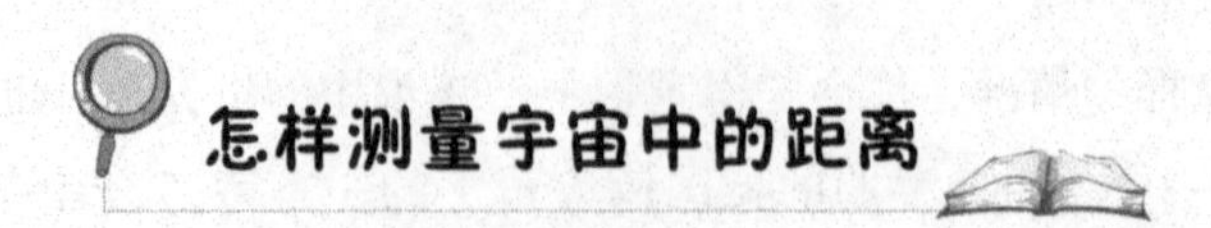

怎样测量宇宙中的距离

同一个学校的学生们，学校和他们各自的家的距离总是有远有近。如果距离很近，我们会说，从家到学校有××米；如果距离很远，我们会说，从家到学校有××千米。如果有人说，从家到学校有××千万毫米，同学们听了一定哈哈大笑，怎么会有人用毫米来形容学校和家的距离呢。

我们总觉得，“千米”这个单位已经很大了。实际上，它跟天文学中的测量距离单位比起来，就像毫米和千米的差距那么大。假如有个人说，地球距离北斗七星有多少米远，天文学家一定会抱着肚子哈哈大笑的。

我们都知道，宇宙中各个星球的天体之间距离是非常遥远的，在宇宙中测量距离，如果用米或千米等长度单位来表示，就好比同学把从家到学校的距离说成是几千万毫米一样，让人笑破肚皮。

于是，天文学家就设计了一个相当于地球到太阳之间距离的测量宇宙长度单位。这个长度单位叫天文单位，1 天文单位大约是 1.5 亿千米。

很早以前，人们就想测一测地球到太阳的距离，有的人还找来射箭最远的弓箭手，试试一箭能不能射到太阳上。当然，射程再远的箭，也不可能脱离地球飞到太阳上去。

古代希腊天文学家克罗阿里斯塔克斯估算过，太阳到地球的距离是地球和月亮距离的 20 倍；后来，古希腊的托勒密推算出，地球到太阳的距离大约是地球半径的 1 210 倍。

2012 年 8 月，在国际天文学大会上，天文学家们以投票的方式把天文单位固定为 149 597 870 700 米，这个数值大约是地球到太阳的平均距离。

如果仅在太阳系中测量天体距离，天文单位作为一个度量是很合适的，但要用它去测量整个宇宙空间中的距离就比较麻烦。例如，用天文单位来表示太阳和离它最近的恒星 A 星之间的距离，就是 270 000 个天文单位；如果用来表示和远处恒星之间的距离，后面还要加好几个 0，甚至更多。

因此，天文学家又设计了一个单位，叫作“光年”。就是说，光在真空中跑一年的距离，用它来度量宇宙中更大范围的恒星间距。

光的奔跑速度是非常惊人的，在真空中大约每秒钟能奔跑 30 万千米，一年中跑的距离约达到 9.5 万亿千米。据说，目前人造的最快物体是一颗卫星，它的最高速度是每秒钟 70.22 千米，飞越 1 光年的距离需要 4 000 多年时间；我们常见的旅客坐的飞机，速度一般为 900 千米/时，那它飞越 1 光年需要 1 220 330 年。由此可以想象，光年对于人类来说是多么庞大的尺度啊！要是我们坐飞机在宇宙走 1 光年，估计我们的曾孙的曾孙也等不到那一天呢！更不要说遨游整个宇宙了。

有一点要提醒大家，光年听起来像时间单位，但要记住它是一个长度单位。

目前，有一种说法认为我们所处的银河系的直径大约为70 000光年，而整个天文观测的范围早已远远超出这个距离上万倍。

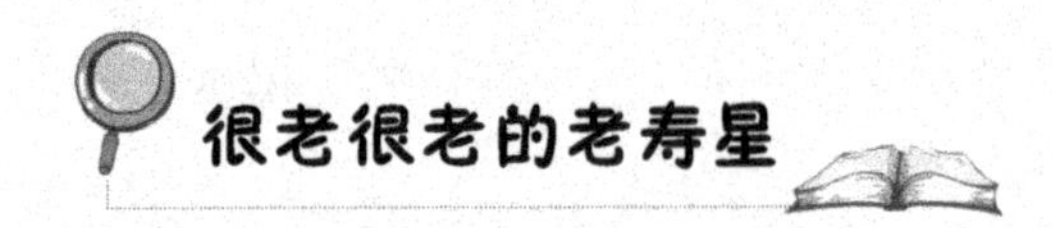

很老很老的老寿星

假如有人问你一棵树的年纪有多大，你会怎么回答呢？大概有人会说，去看它的年轮吧！没错，但前提是，它必须是一棵已经被砍伐掉的树。如果我们把宇宙比作一棵大树的话，又该怎么做才能够找出它的“年轮”呢？

我们当然不可能像伐木工人那样，把宇宙砍出一个可供观察的横截面来。但这也并不意味着我们一定会束手无策。让我们来看一看聪明的科学家们是怎么解决这个问题的吧。

地质学家在20世纪初的时候，发现岩石中具有放射性元素，这种元素的衰退变老的速率是持续并有稳定规律的。于是，天文学家们就可以通过对岩石衰变的程度进行观察，计算出它的年纪。这就像是在正常温度下放置的一颗苹果，有经验的人能很快根据苹果腐烂的程度，判断出它存放的天数。

20世纪初的时候，科学家根据这一个原理，推断出地球的年纪大约是45亿岁，而太阳的年纪大约是50亿岁。后来，科学家对太阳的年龄进行了多次修订，最新的研究成果认为，太阳的年龄大约是46亿岁。

这样看来，只需要找到一块宇宙中最古老的岩石，就可以轻而易举地说出宇宙的年纪了。然而不好办的是，按我们现在的科技水平，除了意外收获了一些太空送来的陨石以外，差不多没办法得到太阳系以外的岩石块。在人类原来收集到的太空礼物里，谁又能够肯定哪一块才是最古老的石头呢？

美国天文学家爱德温·哈勃先生（1889—1953年）通过另一种方法，巧妙地计算出了宇宙先生的年纪。

他在观察星空的时候，发现了一个奇怪的现象：有些黄色的星星看上去有些发红。而你或许并不知道，因为色光的不同与波长有关，所以星光的颜色可以帮助我们判断一颗星星与地球的大致距离。由于黄光比红光的波长短，这就说明那颗泛着红光的黄色星星正在悄悄地离我们远去。相反，如果一颗黄色的星星看上去有些发蓝，则说明它正在慢慢地向我们靠近，因为蓝光的波长比黄光短。

哈勃根据这一原理，通过分析物体发出的声波或光线的变化，发现了计算遥远物体速度和年纪的方法。经过艰苦的努力，哈勃计算出宇宙的年纪大约是18亿岁。

但是，地球大约已经45亿岁了，宇宙怎么可能比地球还年轻呢？当然，哈勃的推测是好几十年前的数据。

在哈勃之后，天文学家又发现了一种体积很小的恒星，亮度也很暗，但是这种小恒星的质量和密度却大得惊人。科学家们送给这些小恒星们一个好听的名字，叫作白矮星。它们很有趣，身体本来是火热的，却会随着时间的推移而逐渐变冷。人们就通过对矮个子星的温度变化规律考察，推测出它开始冷却的最早时间，这就该是它的出生日。这种矮个子小恒星恐怕已经有近百亿的年龄了。

通过不懈地观察，天文学家用望远镜观测到了一颗距地球7 000光年的白矮星，它是人类至今为止发现的最古老的小星星。科学家通过各种数据分析出，它的年纪在130亿～140亿岁之间。看样子，这个小家伙原来是个老寿星。

由矮个子恒星的年纪我们可以肯定，至少宇宙的年龄应该不少于130亿年，至于真实年龄，一直是科学家探讨和研究的话题，2013年3月21日，欧洲科学家通过研究，将宇宙的年龄定格为138.2亿岁，这是关于宇宙年龄的最新数据。

宇宙究竟有多辽阔

如果人在地上行走，50千米的路就觉得很远，恐怕要走一天；如果乘坐火车，5000千米要走几十个小时，那路途可真遥远，好像是要穿过亚洲，环游地球了呢！这种漫长的旅行，估计任何人都要叫苦连天。

不过，你要知道环游地球，距离其实更远。地球的直径约12 800千米，周长约40 000千米，坐火车绕地球一圈大约需要670小时，这可是一个月的时间啊！就算是坐火箭飞船绕地球一圈，也需要80多分钟。

假如让你步行环球旅行，绕地球一周，每天走 50 千米，要走 800 天，大概是两年半的时间，想到这里你可能已经在感慨距离太远了，估计要怀疑这次旅行啦。

不过，这个距离真的很远吗？当然不！假如你走出地球，飞到太阳系的上空看地球时，便会发现地球可真是小，地球的体积只占整个太阳系的几十亿分之一。离地球最近的天体，也就是地球的卫星——可爱的月球，它与地球的平均距离也有 38.4 万千米，是地球直径的 30 倍。

地球与冥王星相距约 40 多亿千米，就算以现在的火箭速度飞行，要到冥王星去做客，路上也需要 10 多年的时间，一去一回，20 多年就过去了，我们生命的四分之一都要浪费在路上了。

事实上，冥王星距离地球还算近的呢。在浩瀚的宇宙，有无数的恒星、星云等天体，他们距离地球远着呢。想要去那些星球看一看，简直是天方夜谭。由此可见，宇宙真是大得无边无际。我们如果想知道宇宙的大小，即使派出一颗飞得和光速一样快的卫星，用上百亿年去测量，恐怕都很难得到确切的数据。

这样看来，宇宙先生的“肥胖症”可真要治一治了。

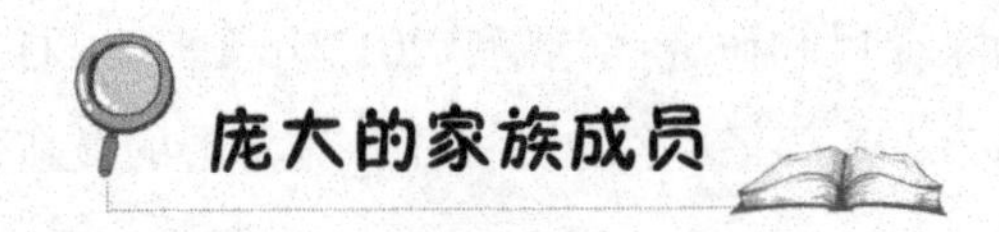

庞大的家族成员

我们坐在地上仰望夜空，除了时弯时圆的月亮和渺小的星辰，看不到其他东西。整个宇宙看起来空荡荡的，就像一大湖清水里，只有一条小鱼和它到处洒下的鱼仔们，小鱼有时候还钻进湖底不见踪影。

但是，看起来空荡荡的宇宙，可是有许许多多庞大家族的，家族中的个体成员更是多得不得了。

宇宙中存在着数以万亿计像太阳一样的恒星，它们的大小和密度都不太一样，名字也因此千奇百怪，有的叫作红巨星，有的叫作超巨星，还有中子星、造父变星、白矮星、超新星等。红巨星和超巨星可不是电影、电视里的明星，那可是特别大的超级星球，大到是地球体积的千倍、万倍，甚至几十万倍！

在宇宙空间里，这些恒星常常聚集成双星或者三五成群的聚星，之后再组成星系、星系团。此外，还有以弥漫漂浮的形态存在的星际物质，比如星际的气体和尘埃等，集合到一起之后会形成各种形状的星云，就如天上的云雾。除这些能发光的天体外，宇宙中还有紫外天体、红外天体、射线源、射电源等，那些更是我们肉眼看不到，但却真实存在的。

以上这些大约只占到了宇宙总量的4%。那么，宇宙组成中剩下96%的神秘物质又是什么呢？天文学家认为，其中的23%是暗物质，剩下的73%是一种能导致宇宙加速膨胀的暗能量。

暗物质是无法通过直接观测所能见到的，但它能干扰星体发出的光波或者引力，因此它的存在是能够被明显地感觉到的。暗能量被认为是一种见不到的、能推动宇宙运动的能量，宇宙中恒星和行星的运动都是由暗能量和“万有引力”推动的。

现在，科学家们正在对暗物质和暗能量加紧研究，相信在不久的未来，就能弄清楚它们究竟是怎么回事，这样我们也就能清楚宇宙家族的成员了。

第2章

到星星岛去做客

——美丽的星空

为什么星星会眨眼睛

“一闪一闪亮晶晶，满天都是小星星，挂在天空放光明，好像千万小眼睛。”

儿歌里的星星会眨眼，现实中的星星也会眨眼吗？

我们晚间看看晴空，经常会发现，天上的星星真的是一闪一闪的，像是在对着我们眨着眼睛。为什么星星会眨眼睛呢？难道它们也是有生命的，可以和我们互相凝望吗？

经过天文学家们不辞辛苦地观察研究，终于还是找到了星星眨眼的秘密。

我们看到星星总是在眨眼，其实不是这样，是天空中不稳定的大气，使星星散发出的稳定的光变得闪烁不定，因此看上去就像它们对着我们不停地眨眼睛。

星光在到达我们的眼睛以前，必须经过地球的几层大气，各层大气的温度、密度都是不同的，星光在穿越大气层时，好像经过了许多个三棱镜、凸透镜和凹透镜，光线在这个过程中经过了多次的偏折，时而汇聚，时而分散，它的明和暗也就因此随时改变。

如果我们坐上飞船来到稳定的大气层上面，我们就会看不见星星的闪烁和眨眼，而只能看见稳定不变的星光了。

观察细致的人还发现，有时候星星会变颜色，这又是为什么呢？科学家们告诉我们，这是因为光线经过大气时，不仅会发生偏折，还会发生颜色散布现象，所以星星除了一明一暗地闪烁以外，还可以看见星星的颜色在改变。

如果你有兴趣，可以在夜晚去空旷的地方观察星星，就会发现离地平线不远的明亮恒星会非常明显地改变颜色；在晚间刮风时或雨后等空气质量非常好的时候，恒星会闪烁得特别有力，而且颜色变化得特别厉害。

如今，科学家已经有方法计算星光在一定时间里改变颜色的次数了，具体做法是这样的：拿一具双筒望远镜来观察一颗很亮的星星，同时使望远镜的物镜很快地旋转。这时，就会看不见星星，而只看见一个由许多颗颜色各异的星星所组成的环；在闪烁较慢或者望远镜转动极快的时候，这些环就会分裂成许多长短不同、颜色各异的弧形。通过计算，就可以得到星星改变颜色的大体次数了。

科学家们统计，星星变换颜色的次数随气候的条件而不同，能够从每秒几十次到每秒一百多次，甚至还不止这么多呢。

怎样给星星的亮度排排队

璀璨的星空，数不尽的繁星，虽都是一点一点亮晶晶，我们看上去都差不多少，但如果细心的话，即便肉眼看过去，也会觉得它们的亮度和样子不尽相同。

如此众多的星星，人们在认识它们时怎样对它们分类呢？又依据什么样的标准去分类呢？

在古代的时候，就有人思考这个问题。由于人类观察星星时最直观的依据就是星星的大小和亮度，所以人们就按亮度为星星们划分了等级，这种等级就叫做星等。

星等首先是由古希腊天文学家喜帕恰斯提出来的，为了衡量星星的明暗程度，他创造出了这个概念。按照这个概念进行衡量和确定：星等的数值越小，星星就越亮；星等的数值越大，星星的光就越暗。

喜帕恰斯是个喜欢观察星星的天文学家。公元前2世纪，他在爱琴海的罗得岛上建起了观星台。一次偶然的机会，他在天蝎座中发现了一颗陌生的星星，他认为，这颗星星还没有被记录过。或许，还有很多天体在等待人们的发现。于是他决定，要绘制一份详细的恒星天空星图。经过不懈努力，他终于绘制出了一份标有1 022多颗恒星精确位置和亮度的恒星星图。

为了清楚地衡量恒星的亮度，喜帕恰斯把恒星明暗分成等级。他把肉眼看起来最亮的20颗恒星作为一等星，把肉眼能够看到的最暗弱的恒星作为六等星。在这中间又分为二等星、三等星、四等星和五等星。

喜帕恰斯这位古希腊的科学家多么了不起，他在2 100多年前奠定的“星等”概念基础，一直沿用到今天。

随着时代的发展和研究的深入，依据亮度划分星等的方法已经不能完全满足新时代天文学家的要求，他们在喜帕恰斯研究的基础上又完善性地规定了标准，细分了不同等级星星亮度的刻度划分。

现代科学规定：一等星是看得见的最亮的星等，六等星是看得见的最暗的星等，一等星的平均亮度是六等星平均亮度的100倍，一等星比二等星亮2.512倍，二等星比三等星亮2.512倍，依此类推。

当然，现在对天体光度的测量非常精确，星等自然也分得很精细，由于星等范围太小，科学家们又用了负星等概念，来衡量极亮的天体，把比一等星还亮的定为零等星，比零等星更亮的定为-1等星，依此类推。同时，星等也用小数表示。

所以那些天空最亮的天体是负等星，比如，太阳为-26.75等，满月为-12.6等。

在这里提醒大家，不要由此错误理解“-”号就是负数的概念啊！

天河的故事

一个晴朗的夜晚，文芳和奶奶在自家所住楼房的房顶上欣赏夜景。

文芳抬头看着天空，只见空中有一条自南向北的乳白色光带。它浩浩荡荡，横跨天际，气势非常宏伟。在她看来这分明就是一条天河，把天空的地盘划分为两部分。

文芳禁不住对身边的奶奶说：“天上也有这么一条大的河呀！真是太漂亮了！”

奶奶笑着对她说：“那是银河。你知道吗？关于这银河，古代希腊和我们中国都分别有着不同的美丽传说。”

于是，奶奶就对文芳讲了两个故事：

一个是关于赫拉克勒斯的。赫拉克勒斯是希腊神话中最伟大的英雄，他是宙斯（希腊神话中的众神之王）和阿尔克墨涅的私生子。他刚生下时，由于宙斯害怕自己的妻子希拉嫉妒，就准备把孩子匿藏起来。智慧女神雅典娜（宙斯的女儿）为了这个孩子的平安，给宙斯献了一计，让他把孩子假装成偶尔从路边发现的弃儿，并把他带回家让希拉照料。希拉见这孩子如此可怜，就亲自为他哺乳。这时，飞溅到孩子嘴外的奶滴变成一颗颗星星，并逐渐汇集，最后成为银河。

另一个传说来自古老的中国。在古代的中国，人们认为天河与大海是相通的。住在海岛上的一个人忽然产生去大海尽头探个究竟的念头，于是他备足干粮，踏上木筏，乘风破浪航行在海洋里。前一两天太阳从他的头顶过去，星星在遥远处向他招手；三四天后，太阳只在他的身边升落，再也看不到月光了，而在他的四面八方可以见到星斗的光影。十多天后，木筏漂到了一个地方，周围豁然光亮起来，城郭的建筑像地上大城市的规模，还远远传来机梭的声音。他循着机梭声抬头看去，见阁楼上一个漂亮的女子在织布，转身又见一个英俊的男子牵牛在河边饮水。牵牛人见了他便吃惊地问："由何来此?"海岛人就把他的经历说了一遍，说完就问牵牛人这是什么地方。牵牛人回答："这里是天堂，这条河是天河。"

奶奶又对文芳说："其实，这条银河既不是古希腊神话中所说的'奶滴铺成的路'，也不是中国传说中所说的'仙女洗澡的地方'，更没有与大海牵连。它是星星聚集在一起形成的'星河'。"

美丽的银河

事实上，银河是宇宙空间的一个星系，由恒星、星云和星际物质组成，我们所在的地球和太阳系都在其中。银河系大约有2000亿颗恒星，它的总质量是太阳质量的1400亿倍。银河系是一个旋涡星系，它呈扁平状，像一个铁饼，边缘薄、中间厚，直径近10万光年。它的主体称为银盘，太阳距盘心的位置约2.3万光年。

由于太阳系靠近银道面，所以，晚上从地球上沿着银道面看到的天体最密集，我们置身在灿烂的恒星群中，肉眼分辨不清位置，只能看到一条银白色的连续的光带，这就是通常说的银河。

虽然银河系很庞大，但它在茫茫无际的宇宙中也只不过是一小块而已。

四季星空不一样

如果注意观察星星，你会发现，天空中的星星在不同的季节里会像走马灯似的变换位置。同样是晚上 9 点钟，在不同的季节里，星星分布的位置却不一样。

北半球的春天是个鸟语花香的季节，仰望星空，一把“大勺子”高高地悬挂在我们头顶上方，勺子口朝下，仿佛要掉下来就会扣到我们头上。

不过你不用担心，它是掉不下来的。这把“勺子”其实是著名的北斗七星，紧跟在北斗七星后面的是狮子座，可见，北斗七星有狮子护卫着呢。

认清北斗七星，我们能够随之找到很多明亮的星星，比如沿着斗口两颗星的连线向北，就可以找到北极星。北极星最靠近正北的方位，所以，如果你分不清方向，可以靠北极星的星光来定位导航，这可是随身携带的指北针，同样也可以做指南针的。

夏天的星空是最令人向往的，很多人会在户外乘凉、散步时观察星空，晚风习习、星光灿烂，多么惬意啊。

横贯星空的银河，轻纱似的在星空流淌，河东明亮的牛郎星与河西的织女星隔着银河遥遥相对。有时候，摇着蒲扇的老奶奶会给晚辈们讲述牛郎织女的美丽故事。

在夏天，你还会看到巨大的弯钩形的天蝎座出现在南方天空，非常显眼。再往西看还可以看到天秤座在地平线上游荡。夏季是观赏星空的大好时机，很多天文爱好者会在这个季节远离城市的灯光，坐在一个空旷安静的地方数星星。如果仔细观察，你会发现，夏空中的星星有的是白色，有的是红色，有的是蓝色，有的是金色，非常漂亮。

秋高气爽的秋季也是观赏星星的较好时节，抬头望去，你会发现那把“大勺子”不见了，原来北斗七星已经藏到地平线下了。有个成语叫“斗转星移”，就是用天文现象来形容季节交替或时间变化的。

秋夜的星空没有夏天的明亮，天空中最明显的是倾斜的银河和升到天顶的飞马座。飞马座是个四边形的星座，它的每一条边正好表示一个方向，如果你能找到这个星座，你便又多了一个指南针。

冬天来了，天气变冷，很多人怕冷，都躲在屋子里不肯出来。好在这个季节，由于地球倾斜，天上亮眼的星星也不是很多，仿佛它们也怕冷，都躲在“家”里了。

冬夜空中最著名的是猎户座，这个星座很好辨认，因为猎人的腰带上镶着三颗十分明亮的宝石，这其实是猎户座中的三颗恒星，这也是猎户座的标志。猎户座就像一个雄赳赳站着的猎人，身旁是他的两头猎犬——大犬座和小犬座。他们一起追逐着金牛座，想象一下这个情景，它们为这寒冷的冬季星空增添了许多动感和魅力。

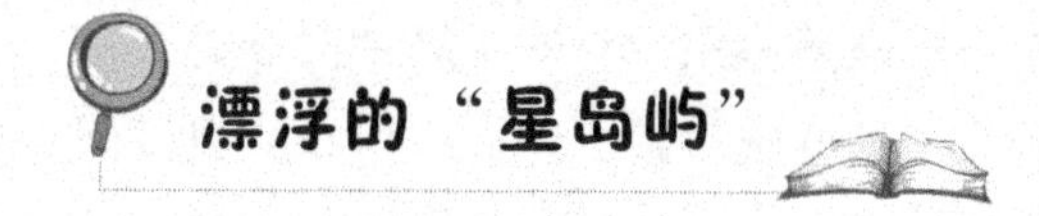

漂浮的“星岛屿”

地球表面的70%是茫茫大海，一个个岛屿点缀着蓝色的大海。漫无边际的宇宙也像大海一样，点缀其中的是一个个的星系，星系是宇宙中庞大的“岛屿”，也是宇宙中最大、最美丽的天体系统。

星系这个词最初是出现在希腊文中的，也就是希腊人起的名字。

就以我们所在的银河系来说明这一概念吧。星系是一个包含恒星、气体的星际物质、宇宙尘和暗物质，并受重力束缚的大质量系统。除了单独的恒星和稀薄的星际物质之外，多数星系都有数量庞大的多星系统、星团和各种不同的星云（由气体和尘埃组成的云雾状天体）。我们所居住的地球就身处一个巨大的星系——银河系中，而在银河系之外，还有上亿个像银河系这样的被称为河外星系的“太空巨岛”。

天文学家估算，在可以看见的、可以观测到的宇宙中，星系的总数大概超过了1 000 亿个。它们中有些离我们较近，可以清楚地观测到结构，有些则非常遥远，最远的星系甚至离我们有将近150 亿光年。

这么多的星系，天文学家是怎么区分它们的呢？

最简单的办法就是按照大小分，把包含恒星数量较少的分为一类，恒星数量较多的分为另外一类。比较小的那一类又被称作矮星系，一般只含有数千万颗恒星。虽然许多矮星系都被周围的大星系吞没了，但它们依然是宇宙中数量最多的星系。

科学家们并不满足于这种简单的做法，他们更喜欢用一种“以貌取人”的方法来划分星系的类型。按照星系的结构形状，把它们分为：椭圆星系、螺旋星系、不规则星系。在宇宙中，不规则星系的比例只占到3%，椭圆星系占17%，其余的80%都是螺旋星系。

看样子，星系的体型和外貌也是各有不同，大概也有美与丑的区分呢。

星系的时装表演

接下来就让我们看一场众多星系参与的星岛“时装秀”吧。

首先出场的是相貌平平的椭圆星系，它们就像一只只漂浮在星海之上的被压扁的皮球。靠近中心的地方比较明亮，而越接近边缘则越昏暗。唯一值得一提的是它们的个头，你可能不知道，宇宙中最大与最小的星系都出自这个家族。很难想象，那个拥有几万亿颗恒星的大家伙居然和一个看上去有点像球状星团的“小个子”是一家人。

椭圆星系

椭圆星系还是一个恒星的养老院，因为生活在其中的大多数星星都是一些快要走向生命终点的大质量恒星。光度很低的白矮星与中子星构成了这一星系的主体部分，甚至还有一些星星已经坍缩成黑洞。因此，椭圆星系的光度并不是很大，它们看上去都有些脸色发红。

接下来出场的是居民很多的螺旋星系，我们的银河系就属于螺旋星系。

螺旋星系中心一般都有一个稍稍突起的核球。核球中住着年老的恒星，有时也潜藏着巨大的黑洞。拥有圆形核球的螺旋星系又被称为漩涡星系，而内部嵌着长棒状核球的螺旋星系则被称为棒旋星系。银河系就是一个典型的棒旋星系。核球附近伸出若干条明亮的旋臂。旋臂之中充满了气云与尘埃，是众多恒星诞生的摇篮。

螺旋星系的核球与向外延伸的盘状旋臂常有着不同的颜色，因此看上去要比椭圆星系漂亮得多。我们所熟悉的仙女座大星系就是一个异常美丽的螺旋星系。

最后出场的是难以描述它状貌的不规则星系。这种星系大多形状怪异，没有明显的核球与旋臂，该星系充满了气体和尘埃，其中的恒星大多很年轻，所以在整体上呈现出一种非常明亮的蓝色光晕。距地球较近的大小麦哲伦星系都属于这种年纪较小的星系。

你可能已经想到了，根据星系的颜色我们就可以判断出它们的年龄。椭圆星系的颜色偏向于黄色或红色，因为恒星在老年时发出的光偏红；不规则星系的颜色偏蓝，因为年轻的恒星发出的光偏蓝。

我们的银河系正值壮年，因此呈现出五彩缤纷的颜色，就像一朵硕大的斑斓花朵，让你看得眼睛都花了。

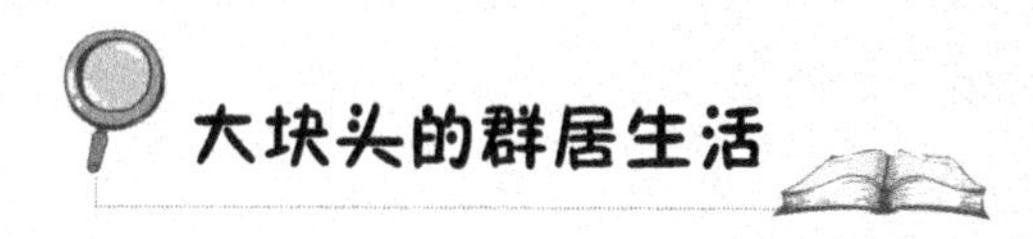

大块头的群居生活

人类是最喜欢群居的动物。很少有人独自跑到山野里生活，大家都不想成为人猿泰山一样的人物，虽然很多孩子都羡慕泰山的强大力量，可是如果一个人居住，没有了伙伴，生活一定很寂寞。

漂浮在海洋中的岛屿也是很少有单独存在的，它们喜欢过“群居”的生活，常常是三五成群或者更多的在一起，人们把这样的岛屿群叫作群岛。

事实上，天空中的星系也一样，除少数星系是单独存在的以外，多数星系都在万有引力的影响下呈“群居生活”趋势，从而构成更大的天体系统。这些更大的天体系统，也有“高低档”的分别，按照从小到大的顺序，依次为星系群、星系团、超星系团。

通常，人们把包含超过100个星系的天体系统叫作星系团，而把包含100个星系以内的天体系统叫星系群。当然，星系团和星系群并没有本质区别，它们都是星系之间以相互的引力关系聚集在一起的，唯一的不同体现在数量和规模上。

以人类生活其中的银河系来说，它属于一个以它为中心的星系群，叫作本星系群。本星系群当然不止有银河系，还有仙女星系、麦哲伦星系和三角星系等大约40个星系，银河系和仙女座星系是其中最大的两个星系。距离本星系群最近的一个星系团是室女星系团，它包含了超过2 500个星系。

如今，人类已经观测到宇宙中的星系团总数是10 000个以上，离我们最远的星系团超过70亿光年，这是一个多么遥远的距离啊。

除了星系群和星系团，宇宙中还有更高一级的天体系统存在，那就是超星系团。

超星系团是巨大的集合体，其中包含星系群、星系团和一些孤单存在的星系。超星系团被认为是宇宙中最大的结构，它们可能跨过了数十亿光年的空间，超过了我们可见宇宙的5%呢！

也有人在此基础上设想：既然宇宙的结构分布可以从太阳系、银河系、星系团到超星系团，仿佛构成了一个又一个的“阶梯”，那么很可能在超星系团之上还有“超”超星系团、“超超”超星系团……

这些都只是猜测，到今天为止，还没有由超星系团组合成的大集团被发现。不过，有一点天文学家肯定了，那就是，超星系团在宇宙中的数量应该在1 000万个以上。

缭绕的“星星云雾”

除了星星之外，星空里还有什么呢？

我们之前说过，星空中除了恒星、行星等天体外，还有许许多多看不见的暗物质。不过，那些可以看见的物质中，还有一些类型没有讲到，比如星际气体、粒子和尘埃，这些在“大爆炸”之后迅速散布到宇宙各个角落的星际物质，分布得并不是那么均匀，在引力作用下，某些地方的星际物质会相互吸引，慢慢聚合成像天空中的白云一样的云团，最后形成云雾状的“星云”。

星云是怎么被发现的呢？这可要归功一位伟大天文学家的意外收获。

1758 年 8 月 28 日，法国天文学家查尔斯·梅西耶通过望远镜在天上寻找彗星的时候，在金牛座附近发现了一个不会移动的如彗星一样的光斑。根据以往的经验，梅西耶判断这块光斑虽然形态很像彗星，但它在恒星之间不发生位置变化，显然不是彗星。

这是什么天体呢？在没有揭开答案之前，梅西耶把这类发现详细地记录了下来。

星云

梅西耶建立的星云天体序列至今仍然在被使用。他的一生中有 30 年都在不知疲倦地寻找和研究彗星。在天文学方面，他最杰出的贡献不是发现了彗星，而是那张他在搜索彗星时的副产品——梅西耶星云星团列表。

1781 年，梅西耶把他的那份不明天体记录发表，引起了英国著名天文学家威廉·赫歇尔的注意。赫歇尔经过研究，把这些云雾状的天体命名为星云。

星云和星系不是一个概念。星云是星际尘埃、气体、星际分子等物质组成的云雾状天体；而星系是由众多大质量恒星和其他天体以及各种星际物质构成的庞大天体系统，一个星系中常包含众多的星云。

在很久很久以前，由于观测条件十分有限，人们常把看上去都是一块亮斑的星云与星系混为一谈。当时，因为河外星系（银河系以外的星系）及一些星团看起来也呈云雾状，因此把它们也称做了星云。但显然，这是错误的。

现在我们当然知道，众多的河外星系是与银河系同一级别的天体，即便是体型巨大的星云也并不能和它们相提并论。由于历史习惯，某些河外星系有时仍被称之为星云，例如大小麦哲伦星云，仙女座大星云等，不过它们可不是真的星云，而是星系。

人们常根据星云的位置或形状对其命名，例如：猎户座大星云、天琴座大星云；按照形态，银河系中的星云可以分为弥漫星云、行星状星云等。星云的质量大、体积大、密度小，一个普通星云的质量至少相当于上千个太阳，半径大约为 10 光年。这跟星系比起来，却显得小气多了。

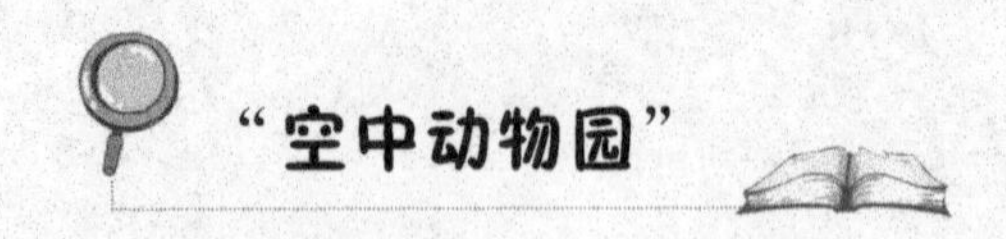

“空中动物园”

动物园是我们喜欢去的地方，那里有凶猛的狮子，有强壮的大黑熊，还有憨厚的长颈鹿，懒洋洋的大骆驼……

可是，你知道吗？我们头顶的星空里，也是一个宏伟的“天空动物园”，星空中的“动物军团”十分庞大，有各种各样的“动物”。

这是怎么回事呢？

我们来抬头看看吧。

在晴朗的夜空，繁星满天，人们用肉眼看到的星星，除了太阳系内的五颗大行星（水星、金星、火星、木星、土星）和流星及彗星之外，整个天空中的星星几乎都是恒星。人类的眼睛能够在璀璨的夜空中捕捉到6 000多颗恒星的身影。古代的人为了更好地辨认这些美丽的星星，就像画家一样把夜晚的天空当作一张巨大的画布。在精心的构图之后，他们把星星所在的天空划分为若干大小不一的区域，并用优美的线条把各个区域内的星星连接起来，组成一个个图形，这就是星座最初的由来。

在不同的地区和不同的文明中，星座的结构组成也各不相同，因为星座只是人们想象中的产物，所以在用线条把星星组合起来的时候，有一种随意性。

中国给星座命名的历史可以追溯到周朝时期，大约2 800年以前；在西方，公元前3000年左右，古巴比伦人就把一些最显著的恒星组合起来，给它们起了些特殊的名字；公元2世纪，古希腊天文学家克罗狄斯·托勒密编制出一个含有48个星座的表，他结合当时的一些神话传说，为每个星座都起了一个形象的名字。

1928年，国际天文学联合会通过了一个决议，把全天上的星空分成88个星座，使天空中能够被我们看到的每一颗恒星都有了一个属于自己的星座。

这些星座的划分和星座的命名主要来自古希腊文化，让人高兴的是，它们多数都是以动物的名称来命名的。

这些星座是：天龙座、麒麟座、狮子座、小狮座、大熊座、小熊座、鹿豹座、豺狼座、天兔座、凤凰座、孔雀座、天鹅座、天鹤座、天鹰座、天鸽座、天燕座、杜鹃座、乌鸦座、鲸鱼座、海豚座、剑鱼座、飞鱼座、双鱼座、南鱼座、巨蟹座、飞马座、小马座、人马座、半人马座、金牛座、白羊座、摩羯座、猎犬座、大犬座、小犬座、天猫座、巨蛇座、长蛇座、水蛇座、天蝎座、蝎虎座、蝘蜓座、苍蝇座等。

你看看，这么多的动物名称，分明就是星星的“动物世界”。我们可以把星空看作是一个“天空动物园”，每次我们仰望星空的时候，完全可以当作是在动物园里闲逛。

会捉迷藏的星团

宇宙中有大大小小的星团，它是星星的团体，但跟星系团可完全是两个概念，大家千万不要混淆了。

星团就像一个个规模不一样的恒星家族。有的家族有几百口人，差不多像个小村庄。有的家族甚至有上千上万口人，跟一个城镇一样。如果我们按照它们的成员数量和整体形态来划分，可以大致分为两类：一是疏散星团；二是球状星团。

疏散星团是比较松散、比较年轻的恒星聚集体，通常由十几颗到上千颗恒星组合而成，结构疏散，形状也不规则。这种星团中的主要成员是蓝巨星，我们能够观察到的那些星团，由于多数分布于银河系的旋臂之中，因此又被称为银河星团。

银河系中已经发现了大约1 000多个疏散星团，它们的直径大多都在3～30光年的范围内。受到星际间弥散尘埃与气云的影响，许多遥远的星团可能还隐匿在银河背景中而未被人发现，即使用望远镜，也看得模模糊糊。所以科学家们推测，银河系中的疏散星团总数肯定非常多，大概在10万个以上。

昴星团

最典型的疏散星团是昴星团，它的直径大约是13光年，拥有超过3 000颗以上的恒星，是距离地球最近也是最明亮的几个疏散星团之一。在晴朗的夜晚，我们可以通过肉眼观察到其中的六七颗明亮的星星。

希腊神话中，它们是天神阿特拉斯的七个美丽女儿，因此昴星团也被称为七姊妹星团。

有趣的是，由于一颗星星的亮

度已经十分灰暗，因此大多数人只能看到七颗星星中较亮的六颗。传说，这是因为七姐妹中一位名叫塞丽娜的仙女深深地迷恋尘世，最终勇敢地奔回了人间，因而这颗星相较于其他六颗就暗淡了许多。

七姊妹星团是一个移动星团，周围被一层稀薄的星云包裹着，因星云反射恒星的光能而发亮，是一个美丽的反射星云。这种星云可能是恒星形成初期所残留的星际物质，也可能是七姊妹星团运动过程中所吸附的尘埃与气云。

科学家们大胆估计，大约6 000万年之后，七姊妹星团会因为自身的运动而超出我们的视线，不知道会跑到什么地方。再经过10亿年的时光洗礼，由于星团结构的过于松散，七姊妹星团可能就会不再存在。

天际明星队

当我们的地球围绕着太阳公转的时候，整个太阳系也在围绕着七姊妹星团（昴星团）公转。这种有条不紊的各级别公转，会导致一种特殊的天文现象：当月球从七姊妹星团表面经过的时候，就会挡住人们观看七姊妹的视线，这七个美丽仙女组成的明星队成员会依次地在人们的视线中消失，之后再有条不紊地依次出现。这种模特队表演似的天象，就是被天文爱好者们所津津乐道的“月掩”，就是月亮把明星们遮掩起来的意思。

类似的现象还有月掩火星、月掩木星等，行星之间也会发生行星掩星的情况。

天空中巨蟹座的方向，还有一个疏散星团，因为长得像蜜蜂巢一样可爱，被叫作蜂巢星团。每年3月的傍晚，巨蟹座都会升到南方天空的正中。在没有月光的夜晚，你将会发现，在巨蟹座的中央，有一个由四颗暗星组成的四边形结构，那便是巨蟹座的“蟹壳”。在这个“蟹壳”中，你能够看到微弱的蓝白色光点，那就是我们美丽的蜂巢星团。

蜂巢星团可是了不起的大明星，在它13光年的范围内有200多颗恒星，这种稀疏的恒星集团叫作“疏散星团”。蜂巢星团的总质量是太阳的200多倍。它是一个大约7亿年前形成的年轻星团，比七姊妹星团与我们的距离要远得多，有577光年之

蜂巢星团

遥，而且还在不断地离我们远去。

古希腊人和罗马人还把巨蟹座中的两颗明星，看作是酒神狄俄尼索斯与他的守护神西勒诺斯出征泰坦时所骑的两头驴子，而蜂巢星团正是两头驴子的食槽。

17 世纪初，伽利略用自制的 30 倍天文望远镜观测了蜂巢星团。在他遗留下来的记录中这样写道："叫作'食槽'的星云不是一个天体，而是一个有着 36 颗星的集团。除'驴子'之外，我还发现了 30 多颗。"

疏散星团都十分年轻，有些甚至还没有地球上的岩石年代久远。比起球状星团来，它的恒星密度也小得多。通常会有几颗到十几颗十分耀眼的星星均匀地分布其间，远远望去就像是一支形散神聚的"明星队"。

许多疏散星团都是移动星团，每一个恒星都像是一个积极跑动的足球运动员，而这的确是一场不容错过的宇宙级别的足球赛。

第3章

超越时空的界限

——走进时间隧道

飞快的时间和无限的空间

“洗手的时候，日子从水盆里过去；吃饭的时候，日子从饭碗里过去；默默时，便从凝然的双眼前过去。我觉察他去的匆匆了，伸出手遮挽时，他又从遮挽着的手边过去，天黑时，我躺在床上，他便伶伶俐俐地从我身上跨过，从我脚边飞去了。”

这是作家朱自清在散文《匆匆》里的一段话，描写时间在水盆、饭碗、身上、脚边像泥鳅一样溜过，永远都是马不停蹄地匆匆前进，任谁出手挽留都还是会在指缝间飞走。

每当我们发现太阳东升西落，树叶绿了又黄，镜子中的自己一天天长大，就能感觉得到时间的如水流逝。

什么是时间呢？应该说，时间是用来描述物质运动过程或事件发生过程的一个参数，它是一把尺子，或是一个度量衡。

人类从诞生起就感受着白天和黑夜的轮换，于是就确定了一天的时间；认识到地球绕太阳一圈的365天，于是就有了一年的概念。

简单地说，时间的基本作用是为了对各种事物的先后次序进行比对。例如，以耶稣诞生的年份作为公元纪年的开始，以运动场上发令枪的声音作为某项比赛的开始。时间的另一个作用是为了计时，例如，宇宙、地球多大年纪？我们一天要学习多长时间？

我们再来看一看什么是空间。

当你还是一个襁褓中的孩子的时候，爸爸妈妈会把你安置在一个充满爱意与温馨的小摇篮里。随着时间的流逝，你渐渐长大了，小小的摇篮已经容纳不下你的身体。于是，你有了一间属于自己的小屋和一张宽大柔软的床。后来你开始长大成人，并有了自己的新家——一所大大的房子。现在你终于明白我想要说什么了，没错，从小小的摇篮到一所大大的房子，你所感受到的变化就是空间。

在天文学中，与时间、空间概念密切相关的是物质、能量的概念。天文学家认为，时间、空间、物质、能量，这构成了一个无懈可击的整体，也就是我们所说的“宇宙”。

比起时间和空间，物质和能量的概念更容易理解。我们每天吃的食物，看的书，住的屋子，甚至你自己，都是物质或者说是由物质构成的，天地万物都可以笼统地称之为物质；烧开水时的蒸汽、水壶下的火苗都是碰不得的，因为它们会灼伤我们的身体，在这里我们能够感受到的热便是能量的一种表现形式。

当然，时间、空间、物质和能量的内涵远比我们感受中的要复杂得多，更多的秘密，需要我们掌握更多的知识才能知晓。

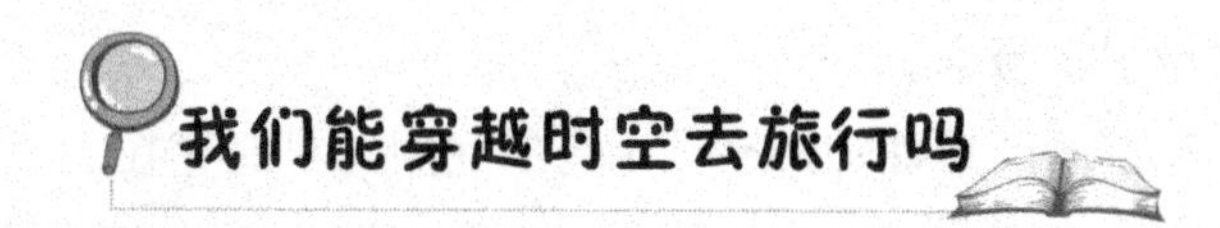

我们能穿越时空去旅行吗

“我想乘坐这架机器去时间里旅行。”

1895 年，当这句话出现在英国作家威尔斯的小说《时间机器》中时，所有人都被这个“时间旅行”的概念惊呆了。

在时间里旅行？前往过去和未来？这太不可思议了！

事实证明，这个不可思议的想法很有可能实现呢。

《时间机器》发表之后，描述时间旅行的作品层出不穷。在动画片《哆啦 A 梦》中，机器猫用写字台的一个抽屉往返于过去和未来；电影《超时空效应》中，主人公用一个房间做时光机器，回到 20 多个小时以前去拯救受难的人们；在电影《哈利·波特》中，哈利和朋友们使用魔法棒和咒语跑到另一个时间里去挽救他人……

当然，各种各样的科学幻想并不能代表真正的科学理论，人们更关心的是，时间旅行是否真的存在？我们到底能不能前往未来或者回到过去？

从前人们一直认为，时间是不可逆转的，过去的时间永远不可能再回来。

但杰出的物理学家阿尔伯特·爱因斯坦提出“相对论”后，彻底颠覆了人们的时间观念，并把“时间旅行”的可能性纳入科学讨论的范畴中。

爱因斯坦认为，我们感知到的时间其实是相对的、可以伸展和收缩的、视观察者移动多快而决定的。爱因斯坦还提出光速不变的假设，认为一切物质的运动速度都无法超越光速。也就是说，假设一个人的运动速度接近或达到光速，那么相对而言，时间就会变慢或静止。

这太让人振奋了！由相对论人们意识到：时间旅行是可行的。当我们以接近光速移动时，时间将变得缓慢；当我们与光速一样的速度移动时，时间就会静止不动；而以超越光速的速度移动时，时光将会倒流，就会回到过去。

为了印证这一点，科学家把高度精确的原子钟放在飞机上绕世界飞行，结果证实：飞机上的时钟走得比实验室里的时钟慢。也就是说，运动速度变快时，时间确实变慢了。那是不是就意味着，或许哪一天，真的有超光速的物质存在，我们依托它就可以回到过去了呢？

现在我们知道，理论上讲，时间旅行是可行的；可实际上，要实现时间旅行的话，科学家还需要做很多努力。

不过，一些神秘莫测的事件却似乎预示着时间旅行早已存在于我们的世界中。

1966年1月，从阿鲁巴岛出发的帆船“尤利西斯”号在百慕大三角神秘失踪，却于1990年突然出现在委内瑞拉的一处海滩上，船上的三名水手的年龄和生理状况竟然跟24年前毫无差别！同样在1990年，一架1955年在百慕大三角海区失踪的飞机完好无损地出现在了原定目的地的机场，按时间计算，机上的飞行员年龄已经77岁了，但他看起来只有40岁！

似乎在我们不知什么因由的情况下，时间旅行已悄悄地发生了。

有的科学家认为，物质周围的时空在某些情况下会出现扭曲现象，从而将物质带到别的时空，这些离奇消失和再现的人或许就是这么来的。

无论怎样，随着人类科技水平的提高，我们总会揭示出这些神秘事件背后的真相，如果那确实是时间旅行，或许就能因此掌握时间旅行的奥秘。然后，我们便可以欣喜若狂地前往过去和未来，进行一场时间旅行啦。

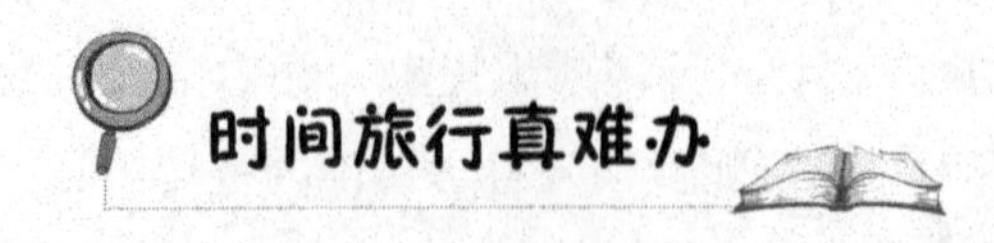

时间旅行真难办

有一个非常有趣的故事：一位理发师在一个村庄里挂了一块招牌：“我只给村庄里不为自己理发的人理发”。有一天，一个过路人在看到这块招牌之后，微笑着问他：“您是否为自己理发呢？”理发师顿时无言以对。

理发师如果回答说不为自己理发，那么按照招牌上的说法，他就应该为自己理发；而如果他回答为自己理发，那么他就属于为自己理发的那类人，可招牌上明明说他只为不为自己理发的人理发，这不是等于砸了自己的招牌吗？就这样，理发师陷入了一个两难的矛盾境地。

还有一些人，也陷入了理发师这样的矛盾境地！

自从爱因斯坦的相对论出现之后，许多热爱幻想的人对比欣喜不已，他们感到时空旅行似乎一下子变成了一件容易的事情，相信只要能造出时光机器，就可以毫不费力地穿越未来或回到过去。这就再也不用担心自己会做错任何事情，因为只要能够不断地回到过去改正错误，或穿越未来提醒那时候的自己，就可以使人生完美无缺。

然而，时空旅行并不是没有一点问题的。

我们来做一个假设：一个人在某一时刻回到了过去，他遇到并造成了意外，使当时的自己死去。那么，在他进行时空穿梭前的时间节点上，他还能够存在吗？假如存在，“他曾回到过去”这一说法便不能成立；假如不存在的话，“他曾回到过去”同样不能成立，因为始终就没有“他”这个人的存在。

不论你怎么解释，这都会是一个纠缠不清的矛盾。

为了解决这个矛盾对人们的困扰，俄罗斯宇宙学家诺维科夫做了一个比喻：在正常情况下，我们不能够站在薄薄的天花板上行走，因为重力定律这只无形的手不允许我们这么做；当我们试图回到过去或穿越未来的时候，也有类似的一只手来阻止我们。

诺维科夫说的意思是：前去未来或者回到过去当然是可行的，但有一种神秘的东西会阻止你。

还有人提出了“多世界理论”。按照这个理论，就是存在着我们没有认识到的多个平行宇宙，一个人可以通过时空穿梭来往于不同的世界，也许在另一个世界里，有你的前生或者有你的未来呢！

看来，时空旅行并没有我们想象的那么好玩，说不定还会在不经意中给自己惹上麻烦。

今天看到的，其实是过去

我们现在从望远镜中看到的宇宙，就是当前这一时刻的宇宙景象吗？

答案是否定的。

此时此刻，你从望远镜中观测到的宇宙，其实只是它过去的样子，至于它此时此刻到底发生了什么，我们无法知道，那是将来的人才能看到的情景，早就不能为你所掌握啦！

望远镜，其实就像是一台时间机器，把我们带入了宇宙的过去，我们观测的距离越遥远，看到的宇宙景象就越古老。

试着想一下吧。宇宙中的长度单位是光年，在真空中，光一年传播的距离可以达到9.5万亿千米。按照这个速度来看，从太阳到地球，光只需要行走不到8分钟的时间。也就是说，如果此刻我们看到了太阳光，那么这束光其实是太阳8分钟之前就发出的。同样的道理，地球距离半人马座A星的距离是大约4.22光年，因此我们此刻看到的半人马座A星是它4年多以前的影像。如此一来，我们看到的，不就是过去的宇宙吗？

当然了，几年的时间，与那么多恒星几百亿年的生命历程相比是微不足道的，但宇宙中多的是距离我们几百万光年、几千万光年甚至是几亿光年的天体。当我们从望远镜中看到它们的时候，事实上从它们上面发出的光线已经在宇宙中传播了几百万年、几千万年甚至几亿年。也就是说，我们现在从望远镜中看到的天体的景象，其实已经过去了很长很长的时间，甚至我们看到的一些恒星，很可能早就在茫茫宇宙之中消亡了。

另外，也可能有一些恒星已经消亡了，但从它上面传出的光线还在浩瀚的宇宙中不断传播，远远没有到达地球呢。

对天文学家来说，推断宇宙的过去和未来，弄清楚生命起源和宇宙起源的奥秘，是终极目标。而人的寿命不过数十年，有人类存在的历史也不过几十万年或数百万年，跟已经存在了至少130亿年以上的宇宙相比，简直不值一提。我们无法像观看春天树开花、秋天树结果一样，观察一颗恒星的完整生灭过程，更无法由此来得出更多有用的关于宇宙的信息。

所以，观察这些离我们超级远的星星，甚至是已经消亡的星星，等于是在研究宇宙的过去，它可以帮助人类更好地探寻天体是如何进化的，并由此得出宇宙诞生之初的某些信息。

所以说，要了解宇宙的过去，只要观测更远的天体就可以了。当然，这一目标的实现要依赖于人类不断发展的科技水平，依赖于不断被改进的望远镜等发达仪器。

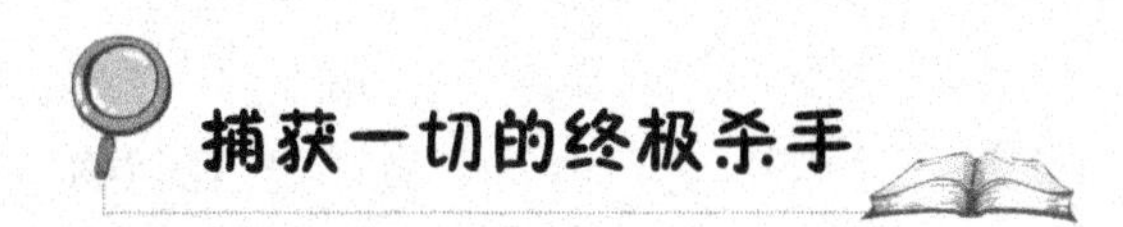

捕获一切的终极杀手

在科学幻想的神秘王国里，黑洞是一个经常被提及的词汇。

那么，谁是第一个说出“黑洞”的人呢？

那就是美国科学家约翰·阿奇博尔德·惠勒。他在1969年第一个提出了用“黑洞”一词来取代从前的“引力完全坍缩的星球”的说法。

引力完全坍缩的星球为什么被叫作“黑洞”呢？原因就是，连光都会被这样的星球所捕获。

天呐，我们每天见到的光明难道在黑洞面前也要投降吗？下面我们要仔细看看黑洞到底是什么样子的。

早在18世纪末，一位名叫约翰·米歇尔的英国天文学家就描绘过一种非常奇特的天体：

一个质量足够大并且密度足够大的恒星，会有非常强大的引力场，甚至连光线都无法逃逸！

任何从该恒星表面发出的光，在还没有达到远处的时候，便会被恒星的引力吸回去。我们虽然看不到它，但如果我们一点一点地向它靠近，就会发现时间的流逝正在逐渐地减慢，并最终定格在某一个点上，不再向前。

这将会是一种绝无仅有的神秘体验，如果你继续向前，就会被这个完全黑暗的天体在一瞬间吸附到它的肚子里去。

假如你还有幸活着，就会发现手表上的指针全部都在逆时针倒转。天啊，这就是传说中的时光倒流吗？

不过你不要高兴得太早，因为当这一切真的发生的时候，可怜的你说不定早就已经被某种不知名的强力压成肉饼了。

在人类对于时间与空间的认识还十分薄弱的时代里，科学家们不愿意承认米歇尔所说的这种天体的存在，也不愿意把精力浪费在这种类似于无稽之谈的言论上面。在对它的讨论沉默了大约半个世纪以后，又被一位德国物理学家往事重提。

这位名叫卡尔·史瓦西的德国人，在1915年的《普鲁士科学院会议报告》中看到了爱因斯坦刚刚建立的广义相对论。他被爱因斯坦的理论所深深吸引，随后进行了一系列的研究。

史瓦西在研究中提到了一种有着奇异性的“魔球”。任何物体在“魔球”的面前都将被无情地吸附进去，光线也不例外。这种在相对论模型中得到的“魔球”，实际上就是对米歇尔所说的黑暗天体的重提。后来，美国物理学家约翰·惠勒为这种天体起了一个被人们沿用至今的名字——黑洞。

黑洞究竟是什么？这是一个至今仍让许多天文学家感到头疼的问题。我们没有办法通过直接的观测来发现验证它的存在，即便是在理论的研究上，也没有办法完全确定它的性质和形态。它就像一个隐形的怪物一样，困扰着一代又一代追求真理的人。

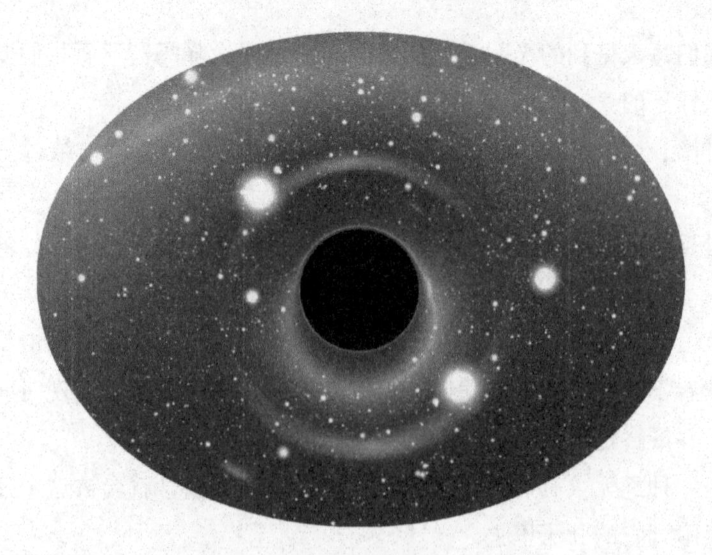

黑洞想象图

时空隧道，你是谁

当我们打开故事书或者历史书时，总是会心潮澎湃，特别是看到那些关于战争的描述。战败的人如果是我们心中暗暗支持的一方，立刻会觉得心中沮丧。你会常常这样想：如果我是那个将军，我一定要反败为胜。

也许你真的比那个失败的家伙聪明百倍，但遗憾的是，历史终究不会因为假设而发生改变。

假如有人告诉你，世界上真的存在能够让人自由往来于时空之间的隧道，你会相信吗？只要找到这样的时空隧道，你就能自由地穿梭于古代与未来之间，自然也就能够回到过去，帮助那个将军识破敌军的诡计，扭转败局，从而改写历史。

提起时空隧道，人们几乎不约而同地想到了黑洞。它们实在是一种令人超乎想象的天体，不论什么物质，一旦被它们吸入腹中，就再也不可能被人们重新发现。但黑洞真的只是一个封闭的系统吗？在黑洞的那一头会不会有着另外一个不为人知的世界呢？

一些科学家也认为某些黑洞可能就是连接着两个不同世界的时空隧道。宇宙中的大多数星系都有着一个质量很大的黑洞中心，这似乎并不仅仅是一个巧合，而是有着一定的合理性的。或许各个星系中的巨大黑洞正是通往其他宇宙空间的隧道或者桥梁。

然而问题的关键并不在于黑洞究竟是不是时空隧道，而在于我们有没有可能从黑洞中活着穿过。因为你很有可能刚刚被卷进黑洞，就已经变成一份滚烫的意大利面了。

在那些充满科学幻想的文学作品中，主人公所乘坐的飞船经常会碰到一些九死一生的险境。然而就在代表正义的飞船将要被坏蛋们毁灭的时候，英勇的船长总会冒着危险打开一扇时空之门，使飞船与队员们迅速地从中逃离。但打开时空之门不仅会耗尽飞船的所有能量，还有可能使飞船在失去能量保护的情况下遭受到时空风暴的重创。

船长打开的时空之门其实就是一个微型黑洞，而想要制造出一个可供巨大的宇宙飞船逃跑的黑洞，所需的能量是异常巨大的。这其实就相当于让飞船做了一次光速飞行。

按照爱因斯坦的能量计算公式，即使想要一个小质量的物体做光速运动，所需要的能量也会是一串令人眩晕的天文数字。

即便有一天我们彻底解决了宇宙飞船的能源供应问题，让飞船做光速运动仍然不是一件容易的事情。人们很难想象出究竟要什么样的材料，才能够承受住光速飞行中产生的各种压力。

让我们再回到那个故事中去，船长在迫不得已的情况下集中飞船最后的能量制造了一个微型黑洞。飞船通过黑洞穿越了时空，正义的一方最终化险为夷。但故事毕竟只是故事，事实上，在没有足够能量的情况下轻易进入黑洞，不但无法使飞船脱险，还会直接将飞船葬送在黑洞的漩涡里。

看来，想要驯服黑洞并把它们当作时空穿梭的工具似乎真的是一件不太靠谱的事情。于是有人另辟蹊径，认为每一个黑洞当中都可能包含着一个不一样的宇宙。我们所在的这个宇宙也存在于某个巨大的黑洞之中，连接不同宇宙时空的隧道也是黑洞。

黑洞似乎有点忙不过来了，在充当时空隧道的这件事上，它的兴趣显得并不是很大。要让这个“家伙”主动去帮助人们完成心愿，实在是太不容易了。

现在，如果面前真的出现了一个黑洞，要不要进去一探究竟还真是一件值得思考的事情，毕竟谁也不想为了一次不太靠谱的时空旅行，白白地丢掉自己的性命。

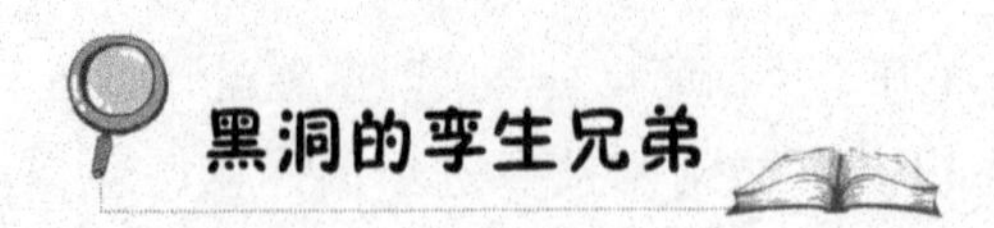

黑洞的孪生兄弟

一提到瑞士，你首先会想到什么呢？

全世界最好的手表？高高的雪山？

假如你有一天能够去那里，你应该去日内瓦城看一看那里著名的人工喷泉。在没有风的日子里，喷泉能够达到 140 米的高度，而停留在空中的高大水柱则有 9 吨之重。那场面真是壮观。

实际上，宇宙中很可能也存在着这样壮观的“喷泉”，只不过它们喷射出来的不是水，而是高能物质。与黑洞的吝啬完全相反的是，这种被称为“白洞”的宇宙“喷泉”，慷慨得似乎有些过分。它们虽然也通过巨大的引力把附近的气体、尘埃以及能量储存在自己的周围，但却从不允许这些物质进入“洞内”。

科学家们假设白洞真实存在，它是与黑洞相对而言的“假想”天体。因为有能够不断“吸”的黑洞，就相对会有不断“喷”的白洞。

白洞能够不断地把内部的物质喷射出来，看上去既像一个巨大的喷泉，更像一座隐形的火山。喷涌而出的物质流，会与白洞外面的物质发生激烈的摩擦和碰撞，这个过程所释放的能量，会比黑洞吸收其他天体物质时所产生的能量还要高得多。

如果白洞喷射出来的是大量的反物质，那么当这些反物质与外面的物质相遇时，就会发生大湮灭。

从外形上来看，白洞有着与黑洞相似的封闭结构，就像是黑洞的一个孪生兄弟。但这两个兄弟的性情却有着巨大的差异，黑洞十分贪婪，连一丝光线都不肯放过；而白洞似乎有着某种天生的洁癖，绝不允许任何物质进入自己的体内，连光也会被排斥在外。

白洞虽然也有着像黑洞一样强大的引力场，但却仅仅只是将附近的物质吸附成一个环状结构，它并不从中摄取物质，相反还会不断地向外释放物质。不论是什么样的

白洞

物质都只能从白洞中向外运动，而不可能从外面进入到白洞之中。

物质只能从黑洞进入，而无法再从中逃出，白洞却做了与黑洞完全相反的事情，这可真有意思。它们是如此惊人的相像，却又有着本质上的不同。

黑洞的物质与能量来自于对其他天体的贪婪吸附，白洞的物质与能量又来自于哪里呢？所有的天体都不可能在没有物质来源的情况下，永远保持像白洞那样高强度的自我牺牲，因为再巨量的物质储备也终究会有被耗尽的一天。

于是，人们就在大胆猜测，白洞的能量会不会来自于黑洞呢？依靠着黑洞所吸取的物质，白洞不就可以源源不断地向外输送能量了吗？假如真的是这样的话，黑洞与白洞就可能组成了一个相互联通的结构，就成了连体兄弟了。黑洞会将吸收来的物质，从它所在的宇宙中传递到白洞所在的另一个宇宙之中。也就是说，宇宙中有多少个黑洞，就应该存在着相同数量的白洞。当物质被黑洞吸入之后，会很快从白洞中被释放到另外一个宇宙空间之中啦。

不过，这些都只是猜测而已。白洞实际上是人们的假想出来的，目前并没有直接的证据可以用来证明它的存在。

再者，黑洞是大质量天体剧烈坍缩的产物，最终会存在一个理论上无限致密的奇点。就像一枚硬币的两面一样，白洞其实是对黑洞的一种反演，它也存在着一个类似的奇点，但却和黑洞做着完全相反的运动。承认黑洞存在的人，都明白黑洞是从无到有的；那么如果白洞存在的话，应该也是从无到有的，可是它又是怎么来的呢，是什么原因让它毫不吝惜地喷射物质呢？在研究这些时，我们又将陷入矛盾。看样子，宇宙留了很多秘密给现代的人来揣摩呢！

第4章

宇宙送给人类的蓝色城堡

——地球的秘密

地球是从哪里来的

在很久很久以前，人们只能待在大地上，于是便觉得大地是宇宙的中心，太阳、月亮、星辰都附属于大地，是为大地照明供暖的。

人们瞭望大地，它就像个硕大的板子，高山大河都摆放在上面，大海的水也不会淌落下去，这太神奇了。

因为总是想不出谁有如此的能力造出这样大的一个板块或者是圆球，于是人们就把功劳归给了上天的大神。

中国古代就有盘古开天地的说法；西方更有上帝创造大地的说法，一个叫厄谢尔·詹姆斯的人还推算出了大地被创造的时间——公元前4004年10月26日上午10点钟。这个时间如此精确，真让人无法理解厄谢尔是怎么推算出来的。

波兰天文学家哥白尼提出了日心说，他认为万物以太阳为中心，地球也不例外。人们逐渐认为哥白尼的说法是正确的，并在这个基础上不断深入探索，提出了许多关于地球生成的假想：

18世纪，德国哲学家康德提出一种叫“星云说”的假想。

他说，几十亿年前，太阳系只是一团充满气体和宇宙尘埃的星云圈。它不断运动转化，在中心生成了太阳雏形，接下来太阳周围的宇宙尘埃像滚雪球似的运转碰撞，形成了地球胚胎。胚胎经过不停歇运转，体积增大的同时温度升高熔化。后来在重力作用下，最重的物质沉降到最深处形成地核，较轻的物质紧靠地核形成地幔，最轻的物质在地幔外面形成地壳。

1900年，美国天文学家莫尔顿和地质学家钱柏森提出了“星子假说”。他们认为“星子”是一个绕着固体旋转的小固体。当某个恒星接近太阳时，因相互吸引的作用，一些气团被从太阳内部抛出来，一部分随恒星远去，一部分受太阳的引力作用绕太阳周围旋转，形成自己的轨道。气团的温度慢慢冷却后，变成了液体，渐渐又形成固体颗粒。这些颗粒就是他们假说中的星子。这些星子最后聚在一起，形成行星，地球就是其中一颗。他们认为，太阳系的陨石就是星子的代表，它们是没有形成行星的星子。

法国的博物学家布丰曾提出了“相撞说”。他认为，几十亿年前，太阳和彗星发生碰撞，使大量物质分离出来。这些物质慢慢冷却形成行星，其中一个就是地球。

地球的形成假说还有许多。比如有人提出“两个太阳假说”，其中一个太阳被路过的一颗恒星撞坏了，形成了众多的行星，地球就位列其中。

也有人提出了“宇宙尘埃说”，认为太阳系最初是由宇宙尘埃和气体组成的一个巨大的圆盘状烟云。烟云不断旋转，尘埃和气体逐渐密集，其中，固体分子相互碰撞，黏合起来形成行星，地球就是黏合起来的行星。烟云的中心形成了太阳。

关于地球起源的假说众多，但因局限于各种条件，哪一种设想都拿不出切实的证据。

大概这还需要新的伟大的天文学家出现，才能告诉人们地球是如何产生的。或许，那位伟大的天文学家就是你哦。

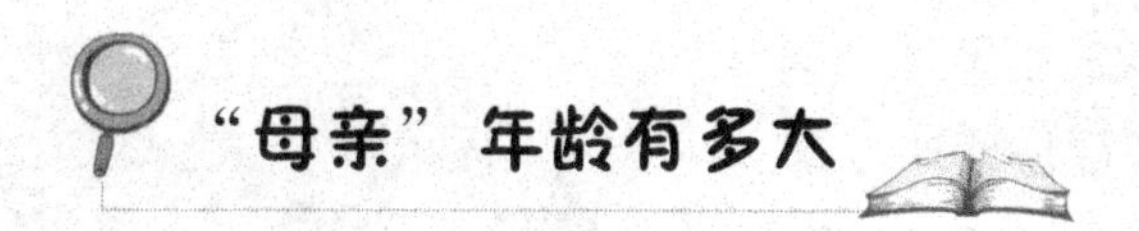

“母亲”年龄有多大

地球是一位伟大的母亲，她养育着人类和各种动植物，江河湖海、崇山峻岭也是她的孩子。她默默地、无私无怨地长久付出着，人们爱戴她，希望知道她走过的历史，总想对她的年龄一探究竟。

这是很正常的，哪一个人不想知道妈妈的年龄呢？

人类有文字记载的历史只不过几千年，假如追溯到人类的最早出现，也不过200多万年，这和地球的年龄相比，显得微不足道。

那么，年轻的人类是否就无法知道地球的年龄呢？

当然不会，聪明的人类想到了各种科学方法来揭晓“母亲”的年龄。

最早尝试用科学方法探究地球年龄的是英国物理学家哈雷，他提出通过海洋里海水的盐度来推算地球的年龄，海水就是“计时器”。

河流不断地把盐分送入海中，人们把海水中现有盐分的总量当作被除数，把每年全世界河流带进海中的盐分的数量做除数，这么一除，得出地球的年龄是9000万年至3.5亿年。但若我们仔细想想这个数字肯定不准确，因为，每年河流带进海中盐分的多少是不一样的。

后来，人们又在海洋里找到了另一种“计时器”，这就是海洋中的沉积物。据估计，每3000年至10000年，海底可造就1米厚的沉积岩，地球上各个时期形成的沉积物大约有100千米厚，算起来形成这些沉积物大约用了3亿～10亿年。

除此之外，人们还采集冰层来探求地球的年龄。但这些方法总还有一些不足之处。看来，必须得有一种稳定、可靠的天然“计时器”，才能比较准确地计算出地球的年龄。

20世纪，科学家们终于发现了测定地球年龄的最佳方法——同位素地质测定法。

在地壳岩石中，微量的放射性元素普遍存在，在自然条件下，放射性元素会自行衰变（释放能量的过程），变成其他元素。一些元素的衰变速率非常稳定。只要我们找到岩石中某种现存放射性元素的含量和衰变后分裂出来的元素含量，以及它们各自的衰变速率，就可以计算出岩石年龄。

根据这种办法，科学家们测出最古老的岩石大约有38亿岁。不过，38亿岁的岩石是地球冷却形成坚硬的地壳后保存下来的，也还是不能代表地球的年龄。

那么，地球的年龄到底是多大呢？20世纪60年代以后，科学家们通过测量和分析陨石年龄以及取自月球表面的岩石标本，发现大多数陨石和月球的年龄都在44亿～46亿年之间。根据这一发现，科学家们推测出地球的真实年龄是45亿岁左右。

没想到吧，我们生存的地球竟是如此的古老！

地球（我们生活的美丽星球，已经有45亿岁了）

像鸡蛋的地球

生活在现代社会的你，肯定知道我们的地球是个椭圆形的球体，就像一个比较圆的鸡蛋。但在很久以前，人类可不知道地球是椭圆形的。

那时候，人类的活动范围很有限，无法看到地球的全貌，所以不同地方的人们对地球的形状有着不同的认识。例如，中国古人认为天是圆的，地是方的；而古巴比伦人则认为地球是一座驮在海龟背上的山。

地球是一个球体的观点最早是在古希腊出现的。古希腊人认为，球体是几何图形中最完美的形状，人们生活的大地就是完美的球形。公元前350年左右，古希腊哲学家亚里士多德通过观察月食，根据月球上地影是一个圆形的现象，第一次科学地论证了地球是个球体。

到了16世纪，葡萄牙航海家麦哲伦完成了人类历史上第一次环球航行，确切证实了地球是球体。不过，这个球体是纯圆的还是扁圆的，当时的人们还是无法准确判断。

17世纪末，英国科学家牛顿经过研究后认为，地球应该是一个赤道略为隆起、两极略为扁平的椭球体。18世纪30年代，法国派出两支考察队，分别在赤道和北极附近进行测量，证明了牛顿的推测。

最早测量出地球大小的是古希腊天文学家埃拉托斯特尼，他计算出地球的周长约为39 600千米，这与我们现在算出的地球一周的实际长度只差475千米。可见那时候的人已经非常聪明了，就连我们在现代都无法自己亲自去测量呢。

随着科技的进步，现在人们可以利用人造卫星给地球拍照片，可以乘宇宙飞船或航天飞机进入太空。通过这些途径，人们精确地测量出了地球的形状和大小，得出：地球是一个赤道处略为隆起，两极略为扁平的球体，赤道半径为6 738.14千米，周长为40 075千米，极半径为6 356.76千米。很明显，比起像皮球，地球更像一个比较圆的鸡蛋。

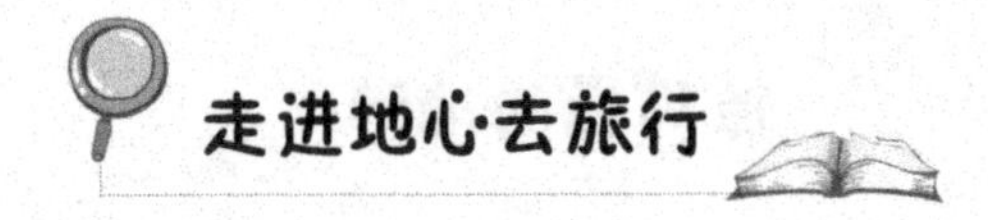

走进地心·去旅行

地球内部到底是什么样子呢？如果想知道我们生活的地球里面是什么样子，那该怎么办呢？

地球内部的结构我们肯定无法直接观察到，因为那里面实在太热了，温度高到可以把我们烤成焦土豆。

不过，在19世纪中期到20世纪初期，有关地震波的研究为人们探索地球内部的奥秘提供了有力的支持。

1910年，南斯拉夫地震学家莫霍洛维奇意外地发现，地震波在传到地下33千米处时，存在一个不连续的跳跃。他认为，这里可能存在着一个地壳和地壳下面不同物质的分界面。

1914年，德国地震学家古登堡发现，在地下2 900千米处，存在着另一个不同物质的分界面。

后来，人们就把这两个面分别命名为“莫霍面”和“古登堡面”，并根据这两个面把地球分为地壳、地幔和地核三层。

地壳与地幔以“莫霍面”为分界，地幔与地核之间则以“古登堡面”分隔。如果把地球比作一个鸡蛋，那么最外部薄薄的地壳就好比蛋壳，裹着蛋黄的蛋白就是地幔，位于中心部位的地核就是蛋黄。

地壳是地球的固体外壳，厚度很不均匀，大陆地壳平均厚度约为30多千米，而海洋地壳厚度仅5～8千米。根据研究，地壳包括两层：上层是花岗岩层，它构成了大陆的主体，下层是连续的玄武岩层。

地壳的下面一层是地球的中间层——地幔，位于“莫霍面”和“古登堡面”之间，厚度为2 900千米。地幔是地球内部体积最大、质量最大的一层。

地幔的下面是地核，平均厚度约3 400千米，由铁、镍等元素组成，温度超高，约有4000～6000℃。它是地球的核心部分，占整个地球质量的31.5%，体积占整个地球的16.2%。而且密度非常大，即使最坚硬的金刚石，在这里也会被压得像黄油一样软。

如果是像地球一样有着高温内心的鸡蛋，你是一定不敢咬下去的！

地球可以像气球吗

随着时间的推移，就算我们不想长大，身体也会不受控制地慢慢长高、变大。那么地球呢？它是不是也会变得越来越大呢？这种担心还真是有必要呢。

虽然目前我们还不能找到地球是否在变大的准确答案。但是，它在不停地变化却是事实。

例如，中国长江口的崇明岛就是从水里“长”出来的，它由江水中所夹带的泥沙慢慢淤积而成；许多建造着高楼大厦的大城市，在许多年前也是在鱼类悠游的海平面以下的。地球的日新月异，告诉我们它始终在慢慢改变。

不过，地球究竟是会变大，还是会变小呢？

科学家们对此可是很感兴趣，提出了各式各样的研究观点。

有些科学家认为，地球本来是从太阳中分裂出来的，刚开始也是一团炽热的熔体，经过相当一段时期的冷凝后，就收缩成现在的地球了，既然是收缩而成，当然仍是在缩小。有些科学家对阿尔卑斯山作了调查后，推断地球现在的半径比2亿多年前（即阿尔卑斯山开始形成时）缩短了2千米；也就是说，地球的半径每年大约缩小1毫米。

又有人说，依据阿尔卑斯山的情况，还可以给整个地球的发展得出正确结论：地球的形状和大小的变化是复杂的，比如现在人们还发现沿赤道一带，地球的半径有加长的痕迹，他们认为这是因地球自转产生的离心力的影响。

也有相当一部分人认为地球一直以来都在膨胀，因为它把本来包住整个地球的大陆撑裂了。现在这些裂缝还在加宽，说明地球还在继续膨胀，但是膨胀的真正原因，他们还没能说得非常清楚。有的人认为这种膨胀是因为地球引力在大量减少；也有人认为这是由地球内部本身放射性物质因散热而引起的。

另外有些人说，地球是由宇宙尘埃堆积而成的，这种尘埃还在不停地向地球上聚集，经常有陨星落到地球上来，据科学家计算，一昼夜间进入地球大气中的尘埃，大约会有10万吨之多；而地球上的大气层物质也在不停地向宇宙太空散失，不过它们的数量非常微小。这样相比之下是吐少纳多，地球应该是慢慢长大。

地球的形状是在长大，还是在缩小呢？目前还是一个谜，这个问题相当复杂。不过，不论是哪一种看法，都可证明地球的形状和大小是在不停地变化着的，就像一个气球，可以被吹大，也会因为漏气而慢慢变小。

不知疲倦的地球

地球就像一个不停旋转的陀螺般日夜旋转，要是你有一个陀螺可以像地球一样终日不停歇地运动，那一定会成为世界上最神奇的事情。

在很久以前，人们认为地球是不会转动的，其他天体都在围绕地球旋转。后来，有人证明了这一说法是不对的。

1851 年，法国物理学家让·傅科在巴黎一个圆顶大厦大厅的穹顶上，悬挂了一条 67 米长的绳索，绳索的下面是一个重达 28 千克的摆锤，摆锤的下方是巨大的沙盘。

每当摆锤经过沙盘上方的时候，摆锤上的指针就会在沙盘上面留下运动的轨迹。按照当时人们生活的经验，这个硕大无比的摆锤应该在沙盘上面画出一条轨迹。

但是，人们惊奇地发现，傅科设置的摆锤每经过一个周期的震荡，在沙盘上画出的轨迹都会偏离原来的轨迹（准确地说，在这个直径 6 米的沙盘边缘，两个轨迹之间相差大约 3 毫米）。由此，人们开始认识到，地球是一个不断转动的球体，每一分每一秒都在绕着地轴旋转。

这就是著名的傅科摆锤实验，这个实验有力地证明了地球是绕着地轴不停地旋转的，这就是地球的自转。

地球自转的方向是自西向东的，自传一周需要的时间约为 23 小时 56 分。从地轴北端或者北极上空观察，地球呈逆时针方向旋转；从地轴南端或南极上空观察，地球呈顺时针方向旋转。正是有了地球的自转，我们才能看到昼夜更替、日月星辰东升西落等自然现象。

地球在自转的同时，还绕着太阳公转，地球公转的路线叫作公转轨道，它是近似正圆的椭圆形轨道，太阳位于这个椭圆的一个焦点上。

每年 1 月初，地球运行到离太阳最近的位置，这个位置称为近日点；7 月初，地球运行到距离太阳最远的位置，这个位置称为远日点。

和地球自转方向一致，地球公转的方向也是自西向东，从北极上空看，地球沿逆时针方向绕太阳运转。地球公转一周所需的时间约为365.25天。

或许，地球上最勤劳的人跟地球比起来，也要甘拜下风，地球可是每天每夜每时每刻都在运动，一分钟都不肯停歇呢！

一辈子不见面的白天和黑夜

旭日东升时，白昼的一天开始；夕阳西下时，黑夜就要来临。

我们每天都经历着白天和黑夜的交替变化，它绝不由谁来阻止或选择。而白天和黑夜也像仇恨彼此的人一样，打算一辈子都不见面，谁也劝阻不了。

那么，你知道昼夜更替是怎样形成的吗？

我们生活的地球本身并不会发光，而且是不透明的，地球上的光和热都来源于太阳的照射。在同一时间内，太阳只能照亮地球的一半，所以阳光照射的地方就是白天，阳光照射的半球被称为昼半球；而背对太阳、阳光照射不到的地方就是黑夜，称为夜半球。

昼半球和夜半球之间有一条分界线，像一个大圆圈，我们把它叫作晨昏圈。由于地球不停地绕地轴自西向东自转，昼半球和夜半球也在不停地互相交替变化，白天变成了黑夜，黑夜又变成了白天，从而形成了昼夜交替的现象。

极昼

在地球的南极和北极，还有一种奇特的昼夜交替现象。当北半球到了夏季，北极圈以内地区，太阳不再东升西落，而是一直挂在天空中，北极中心地带的白天甚至可以长达半年之久，这种现象叫作极昼；而此时的南极圈以内地区，太阳在很长一段时间内都不出现，一天 24 小时都是黑夜，这种现象叫作极夜。

极昼与极夜的产生，是因为地球在自转时是倾斜的，当北半球的夏季来临时，北极地区总是朝向太阳，所以无论地球怎么转，北极圈以内的地区都是亮堂堂的。

而到了北半球的冬季，北极地区就全都被黑暗笼罩，形成极夜，而与之遥相呼应的南极，此时就变成了极昼。

当地球转到朝向太阳的一面时，就形成了白昼；反之，则变成了黑夜。

五色的四季

地球上，有很多地区是冬冷夏热、春暖秋凉，四季变化比较明显的。人们可以在春来时踏青，夏来时游泳，秋天去山里采野果，冬季到了去滑雪。分明的四季，既让人体味着受热挨冻的辛苦，又让人享受到了多彩的生活。

不过，你知道一年四季是怎么划分的吗？

一般来说，热带地区全年炎热，寒带地区终年严寒，只有温带地区才有明显的春、夏、秋、冬四季，而划分四季的方法也有很多种。

中国古代农历历法以立春、立夏、立秋、立冬作为四季的开始，每个季节三个月，直到现在，在我国的农村，人们仍习惯用农历的月份来划分四季：每年农历一月到三月是春季；四月到六月是夏季；七月至九月是秋季；十月到十二月是冬季。因为正月初一是一年的第一天，也是春天的第一天，这个重要的一天就被定为春节。人们在喜迎春节的同时迎来了温暖的春天。

在天文学上，四季变化就是昼夜长短和太阳高度的季节变化。对北半球来说，在一年中，白昼最长、太阳高度最高的季节就是夏季；白昼最短、太阳高度最低的季节就是冬季；过渡季节就是春、秋两季。因此，天文学上划分四季是以春分、夏至、秋分、冬至作为四季的开始。就是说，春分到夏至为春季；夏至到秋分为夏季；秋分到冬至为秋季；冬至到春分为冬季。

而在气象学上，通常以阳历的三月到五月为春季；六月到八月为夏季；九月到十一月为秋季；十二月到第二年的二月为冬季。

中国现在通常以平均温度作为划分四季的标准：10℃升至22℃期间的季节为春季；22℃以上为夏季；22℃降至10℃为秋季；10℃以下为冬季。这样的划分方法比较符合中国的气候特点。

当然，在世界的很多地方，也会有四季划分，动植物们为了适应那里的环境，生长得也是千奇百怪的。如果你有机会到南美洲的阿根廷去玩，在那里也会体会到分明的四季气候呢。

把地球变成橘子的线

如果你第一次到同学家做客，可能会出现这样的情况：到了同学家附近，却找不到同学家究竟在哪儿。这时，你给同学打一个电话，同学就会指引你如何找到他的家；或者，你的同学会到某个地方来接你。

现在，我们再做这样一个假设：你在一望无际的茫茫沙漠上或者大海上迷了路，四周没有任何物体作参照物，你如何向别人报告你的位置呢？假如真的到了这一步，那可就是非常危险的了。

不用怕，只要你能利用相关的工具确定你所处的“经度”和“纬度”，别人就会立刻明白你所处的位置了，而且能非常迅速准确地找到你呢。

经纬线在地球上的确不存在，那是人们绘制地图时刻意添加的。这就好像把地球变成了一个剥开的橘子，分成好多的橘瓣，橘瓣上还有横向的丝。

我们打开任何一张地图，或者转动任何一个地球仪都会发现，上面都画上了一条条很有规律的纵横交错的线条，这就是经纬线。

经纬线究竟是如何确定的呢？

我们已经知道，地球是绕着地轴自西向东转动的。地轴这个连接南北两极并穿过地球中心的线也是人们假想的，不过它与经纬线一样很有实际意义。

如果我们在地轴一半的地方做一个和地轴垂直的平面，就像切西瓜一样把地球切成两半，地球就分成了南半球和北半球。这个平面和地球表面相交的线就是一个大圆圈，它是地球上最大的一个圆圈，地理学上称这个大圆圈叫赤道。于是，我们可以朝着北极和南极的方向，在地球上画出很多与赤道平行的线条，这些线就叫纬线。我们把赤道确定为纬度0°，向南和向北各确定到90°，赤道以南的叫南纬度，赤道以北的叫北纬度。南纬90°就是南极，北纬90°就是北极。

从北极到南极，纵向又可以划很多半圆圈，这就是经线。但是，对经线怎样划分，开始时人们的意见很不统一。1884年，在一次国际经度会议上，确定通过英国伦敦东南郊的格林尼治天文台的经线，为全世界计算经度的共同起点，也就是将这条经线定为0°。从这条线算起，向东和向西各分为180°，向东的称为东经，向西的称为西经。东经180°和西经180°实际上是同一条经线，一般就叫它180°经线。地图上用来区分日期的国际日期变更线，基本上是以这条线为准的。

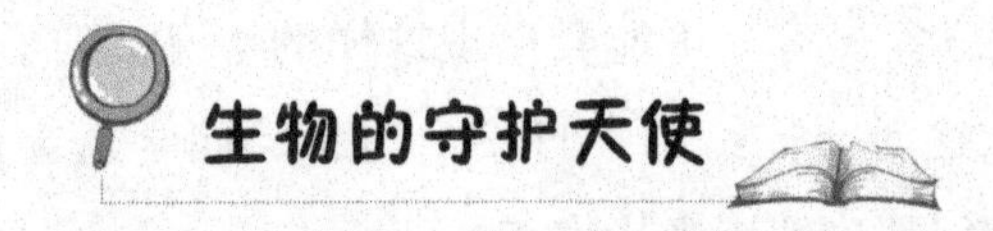

生物的守护天使

地球有自己的生活喜好，她穿了一件好看的外套。

从太空中观赏，地球表面罩上了一层淡蓝色的纱，十分美丽；整个地球就像个巨大的圆形城堡，城墙的外壁是湛蓝的。地球的外套实际上是一层厚厚的大气层，比任何一件衣服都实用和功能良好。

大气层又叫大气圈，是地球最外部的圈层，它就像一把巨大的保护伞一样保护着地球上的生命。它能帮助地球维持从太阳那里得来的热量，从而使地球保持适宜生存的温度；还能吸收并减少宇宙射线和太阳紫外线的辐射，从而保证地球上的生命体免受辐射伤害。

大气层中有着许多种气体，其中最重要的成分是氮和氧，分别占大气层总容积的78.1%和20.9%。根据大气在不同高度表现出的不同特点，我们可以把大气层分为五层，分别是对流层、平流层、中间层、暖层和外层，其中，对流层与我们的生活关系最为密切。

对流层是最靠近地面的一层，集中了约75%的大气质量和几乎全部的水汽、固体杂质。风雨雷电等复杂多变的天气现象都发生在对流层；在对流层中，气温会随着高度的升高而降低，平均每上升100米，气温下降0.6℃。

从对流层往上到50千米左右的高空为平流层，这里大气稳定，水汽和尘埃稀少，经常是晴空万里，能见度很高，非常适宜飞机飞行。

从平流层往上到85千米左右为中间层，这一层的大气气温随高度的升高而迅速下降，最低可达-83℃以下。

从85千米到500千米的范围是暖层，也叫热层，这一层空气稀薄，温度随高度增加很快，最高可达2000～3000℃。

暖层以上就是大气的外层了，是地球大气与宇宙的过渡层，这里空气非常稀薄，温度很高，一些空气分子可以挣脱地球的引力逃到宇宙中，所以这一层又被称为散逸层。

看样子，地球的外衣还穿了好几件呢，“衣服”彼此贴在一起，看似凝成一团，实际上各有分层和分工。

今天的地球上生活着形形色色、种类繁多的生物。可是你有没有想过，这些形形色色的生命最初是怎样在地球上出现的呢？大概你永远也不会猜到，人类是从一个眼睛都看不到的小原始生命体逐渐衍生而来的。

大概是几十亿年前，地球是个大热球，生命根本就受不了它的高温，一切元素都以气体状存在。

而生命起源，正是来自于非生命物质，并且经历了一个极为漫长的演化过程。

原始地球的大气中含有许多有机元素，包括碳、氢、氮、氧、硫等，这些元素在自然界中各种射线、雷电等条件的影响和作用下，形成了许多与生命有关的简单有机物。有机物又通过雨水作用，经湖泊、河流汇集到原始海洋中。

在原始海洋中，这些有机物不断相互作用，经过漫长的岁月，进一步生成了较为复杂的有机物，如蛋白质、核酸等。

后来，这些有机物又在漫长的岁月中通过各种变化逐渐形成了具有原始新陈代谢和自我繁殖能力的原始生命体。这些原始生命体既能从周围环境中吸取营养，又能将废物排出体外。

原始生命体再经过极其漫长的历程，才逐步进化成丰富多彩的生物世界。

生命的起源是一个相当复杂的过程，需要各种资源进行综合作用，再经过长期的演化才能产生。

奇妙的地球磁场

我们拿一块磁石在铁制的细小东西上一晃，“叮”的一声，铁制物就会被吸附在磁石上面。是什么力量让铁制物投奔磁石的怀抱呢？这就是磁力。

地球就像一块巨大的磁石，四周充满了磁场。这个大磁场虽然看不见、摸不着，但充满了神奇的魔力。

地球所在的太空宇宙中存在着大量的射线，这些射线如果进入地球，就会对地球上的生命造成严重威胁，而地球磁场就像保护伞一样，有效地改变了这些射线中大多数带电粒子的运动方向，使它们不能到达地面，从而保护了地球上的生命。

在南北极附近，人们有时会看到一种神奇的现象，天空中布满五颜六色的光，就像飘舞的彩带，这就是极光。

极光的产生与地球磁场有着密切的关系，当太阳辐射出的带电粒子进入地球磁场后，带电粒子会沿着地磁场的磁感线做螺旋线运动，最终落到南北极上空稀薄的大气层中，和大气层中的分子碰撞产生发光现象，形成极光。

在南极地区形成的叫南极光，在北极地区形成的叫北极光。

地球磁场与我们人类的生活也是息息相关的。在行军或者航海时，人们可以利用地球磁场对指南针的作用来确定方向；可以根据地球磁场在地面上分布的特征寻找矿藏；可以利用电磁信号来诊断和治疗疾病等。

除此之外，地球磁场的变化还能影响无线电波的传播，当地磁场受到强烈干扰时，远距离通讯就会受到严重影响，甚至中断。

由此可见，磁力的存在既无形，又能力非凡，我们很难逃脱它的掌控啊。

第5章

阳光里的奥秘

——太阳之歌

宇宙中的一粒“沙子”

如果有人向你提出问题：你知道地球上海滩和沙漠上的沙粒有多少吗？

你恐怕要回答：怎么可能知道，谁能把那些沙粒数完！

对于宇宙来说，恒星跟地球的沙粒一样多，而地球上所有生命所依赖的太阳，就是这无数恒星中的一员。

什么！

太阳是宇宙中的一粒“沙子”？很多人会惊叹地合不拢嘴。事实的确如此，太阳只是宇宙中的一粒“沙子”。

所有的恒星都是由炽热气体组成的、能自己发光的球状或类球状天体。因此，作为宇宙里众多炽热气体星球的一员，太阳看上就像一个燃烧着的大火球。我们看着它很大，但与其他恒星比起来，它只能算是小弟弟。

太阳大约是46亿年前，在一个坍缩的氢分子云内部形成的。现在，太阳已经是一个直径大约139万千米（相当于地球直径的109倍）、质量大约2×10^{30}千克（相当于地球质量的330000倍）、约占太阳系总质量99.86%的“大火球”。

圆圆的太阳本身是白色的，但看上去是黄色的，这是因为，在可见光的频谱中黄绿色表现得最为强烈，因此，从地球表面观看时，大气层的散射就让太阳看起来是黄色的。

太阳一直在发光发热，是因为它一刻不停地在燃烧。

可太阳究竟靠燃烧什么来发光呢？那就是通过各种核物质的核能释放。

太阳1秒钟燃烧释放出的能量相当于燃烧几百亿吨煤所产生的能量，如果它只是一个用普通燃料做成的球体，那么数千年之内它就会燃烧殆尽了。而实际上，太阳已经持续燃烧了数十亿年了。

它真是一个巨大的能源库。太阳和恒星的能量都来自于核能的释放。从化学组成上来看，太阳质量的约四分之三是氢，剩下的几乎都是氦，还包括氧、碳、氖、铁和其他元素。当氢在高温高压下聚变成氦时，就会释放出巨大的核能。因此，太阳才能在那么长的时间内持续燃烧。

太阳是磁力非常活跃的恒星，它支撑着一个强大、年复一年在变化的磁场。太阳磁场会导致很多影响，如太阳表面的太阳黑子、太阳耀斑、太阳风等，这些都被称为太阳活动。虽然太阳距地球的平均距离是1.5亿千米，但太阳活动还是会对地球人的生活造成影响，如扰乱无线电通信行业、电力等。

以太阳为中心，太阳和它周围所有受到太阳引力约束的天体构成了一个集合体，这个集合体就是太阳系。目前，太阳系内主要有8颗行星、至少165颗已知的卫星、5颗已经被辨认出来的矮行星（围绕太阳公转，有足够的质量保持独立，未能清除在近似轨道上的其他小天体）和数以千计的太阳系小天体。

太阳

按照到太阳的距离由近到远的顺序，太阳系中的8颗行星依次是水星、金星、地球、火星、木星、土星、天王星和海王星（原列为第九的冥王星，由国际天文联合会于2006年8月24日决议划为矮行星）。

虽然太阳只是宇宙中的一粒“沙子”，但“万物生长靠太阳”，正是因为有了太阳的热量和光亮，地球上的一切才生机盎然，人类文明才得以产生并延续。

为太阳系寻找妈妈

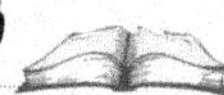

同学们去参加一个科普知识展，当看完一个有关太阳系的介绍后，带队的老师向同学们提出问题：“现在科学界普遍认为，太阳系的起源包含两个基本问题：一是太阳系中形成行星的物质从何而来，二是行星是怎样形成的。你们认为这两个问题好解

释吗?”

同学们回答:“问题的本身容易理解,但内容却很难懂!”

老师说:“这就对了。围绕这两个问题,即便科学家们也是众说纷纭,最有影响的是康德—拉普拉斯的‘星云假说’。”

同学们异口同声,希望知道什么是“星云假说”。于是老师做了具体的讲解。

1755年,德国哲学家康德首先提出了太阳系起源的星云假说。在这个假说中,他认为:“太阳系是由原始星云按照万有引力定律演化而成。在这个原始星云中,大小不等的固体微粒在万有引力的作用下相互接近,大微粒吸引小微粒形成较大的团块。团块又陆续把周围的物质吸引,最强的中心部分吸引的物质最多,先形成太阳。外面的微粒在太阳吸引下向其下落时,与其他微粒碰撞而改变方向,变成绕太阳做圆周运动;运动中的微粒又逐渐形成引力中心,最后凝聚成朝同一方向转动的行星。”

然而,康德的星球假说提出后,并没有立即引起人们的广泛注意。

1796年,法国著名的数学家和天文学家拉普拉斯也独立提出了与康德类似的另外一个星云假说,使得太阳系起源与演化的研究受到了更多的重视。拉普拉斯的星云说的主要观点是:

“太阳系是由炽热气体组成的星云形成的。气体由于冷却而收缩,因此自转加快,离心力也随之增大,于是,星云变得十分扁了。在星云外缘,离心力超过引力的时候便分离出一个圆环,这样反复分离成许多环。圆环由于物质分布不均匀而进一步收缩,形成行星,中心部分形成太阳。”

可见,拉普拉斯与康德的观点基本一致,只是拉普拉斯的假说在细节上做了很多动力学方面的解释,与康德的假说相比,论证更严密、更合理、更完善。

所以,人们把康德和拉普拉斯两个人的假说,合称为康德—拉普拉斯星云假说。

落入凡间的精灵

一天,老师带领同学们在电影院观看一部十分有趣的电影——《南极大冒险》。看完后,同学们对里面的惊险情景议论纷纷。

这时，老师对同学们提问了：“在地球南、北两极附近的高空，夜间常常会出现一种奇异的光，它色彩斑斓，有紫红色的，有玫瑰红的，有橙红色的，也有白色的、蓝色的。其形状也是千姿百态，有时像空中飘舞的彩带，有时像一团跳动的火焰，有的像帷幕，有的像柔丝，有的像巨伞，这种大自然的‘火树银花不夜天’的景象你们知道是什么吗?”

“极光!”同学们几乎都同一个声音道出了答案。

“对，正是极光。它犹如落入凡间的精灵，让人兴叹不已。下面我就来讲讲有关它的故事吧。”老师兴致勃勃地说。

接着老师开始讲起了故事。

1950 年 11 月，美国阿拉斯加州一名摄影家在野外拍摄星空，忽然发现远方的天空有一道光幔。那道光幔中间火红、外边淡绿，尾部还拖着流光，如同鬼魅般在浩瀚夜空里飘舞。当摄影家把相机对准光幔准备拍摄时，那条神秘的光幔竟然消失了。

1957 年 3 月 2 日夜晚，人们在黑龙江省呼玛县的上空观察到了美丽的极光。晚上 7 点多钟，西北方的天空中出现了几个稀有的彩色光点，接着光点放射出不断变化的橙黄色的强烈光线，不久，光线渐渐模糊而成幕状，尔后彩色逐渐变弱，到 20:30 分消失。但 22:03 分时，这一情景又再次出现。

极光

令人惊奇的是，在同一天晚上 19:07 分，新疆北部阿泰北山背后的天空也出现了鲜艳的红光，像山林起火一般。后来，红色的天空里射出很多片状，形成垂直于地面的白而略带黄色的光带，渐渐地这光带变成了银白色。这些光带，由北山后呈辐射状，逐渐向天顶推进。各光带之间呈淡红色，忽明忽暗。光带的长短也不断变化。19:40 分左右，光带伸展到天顶附近，这时的光色最为鲜明，好似一束白绸带，飘扬在淡红色的天空中，大约 22:00 分，景色完全消失。

“啊！真是太神奇，太有意思了！”同学们都惊叹道。

绮丽神秘的极光现象不但让人们惊叹自然的奇妙，也成为猜测和探索的天象之谜。古老的爱斯基摩人认为那是鬼神引导灵魂上天堂的火炬，称其为“鬼火”；而维克人认为极光是骑马奔驰越过天空的勇士。13 世纪时，科学家认为极光是格陵兰冰原反射的光，说其是冰反射光。直到 17 世纪，人们才给了它一个正式的名字——极光。

目前，关于极光的成因有以下两种解释：

第一种解释认为，极光是由于太阳的反射作用形成。这种解释过于简单，为什么太阳反射的光会在晚间出现？人们不免提出这样的疑问。

另一种解释认为，极光与地球磁场和太阳辐射有关。这种解释也是基于一种推测，研究者说出了较为具体的道理。

在还没有得到深入的科学论证之前，我们暂且相信后一种解释。

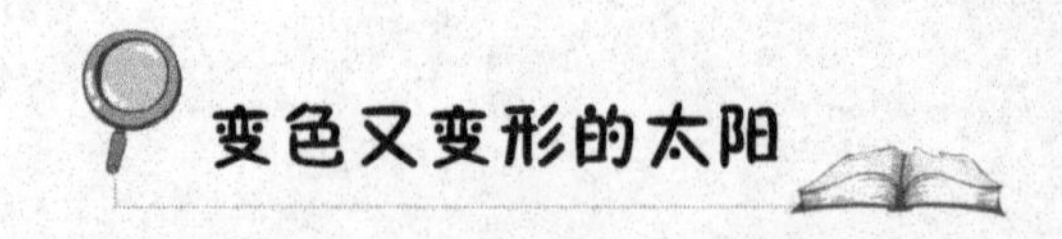

变色又变形的太阳

一般来说，人们所看到的太阳总是圆的，但天空中也曾出现过方形的太阳。

你肯定不会相信这个事实，太阳怎么可能会变成方的，可是有人却真的看到“方太阳”啦！

1933 年 9 月 13 日日落时，在美国西海岸，一位叫查贝尔的学者拍下了方形太阳的照片。照片上的太阳有棱有角，而且并没有被云彩遮住。

为什么太阳会变成方形的呢？

原来，这和变幻莫测的大气有关。在地球的南北两极，上层空气温度比较高，靠近地面和海面的空气层温度则相对较低，这样就使得下层空气密集，上层空气稀薄。日落时，光线穿过密度不同的两个空气层，就会发生折射——光线会弯向地面一侧，而不再是走直线。这样一来，太阳上部和下部的光线被折射得几乎成了平行于地平线的直线，这种光线反映到人的眼睛里，就会形成太阳被压扁的视觉效果，也就出现了奇妙的“方太阳”。

方形太阳

太阳不仅会变形，还会变色，比如有人曾经见过绿色的太阳。

人们平时看到的太阳光是白光，实际上它是由红、橙、黄、绿、蓝、靛、紫七种单色光组成的。和太阳变形的原因一样，当太阳光穿过密度不均匀的大气层时，七种颜色的光都会发生一定角度的偏折，偏转角度的大小与光的颜色（波长）密切相关。这种“色散现象”会使白光重新被分解成七种单色光。

在这七种单色光中，紫光的波长最短，色散时角度最大；红光的波长最长，色散时角度最小，其他的单色光依照顺序排列其中。

日落时，首先没入地下的是红光，其次是橙光、黄光，这时地平线上还留着绿光、蓝光、靛光和紫光。由于后三种光波长太短，穿过厚厚的大气时，会被大气中的尘埃微粒散射开，所以人的肉眼几乎觉察不到，能够到达人眼的就只剩下绿光，于是，人们眼中就出现了绿色的太阳。当然，所谓“绿色的太阳”不是指整个太阳都是绿色的，而是太阳的边缘呈现绿色，就像太阳带了个绿光环，但在观看者看来，绝对是绿色的太阳！

这种自然造物创造的神奇景象并不是任何时候都能看到的，因为形成绿色太阳奇观的条件之一是要让红光、橙光、黄光偏转到地平线之下，所以这种现象只能在太阳刚露出地平线或快落入地平线时才能见到。

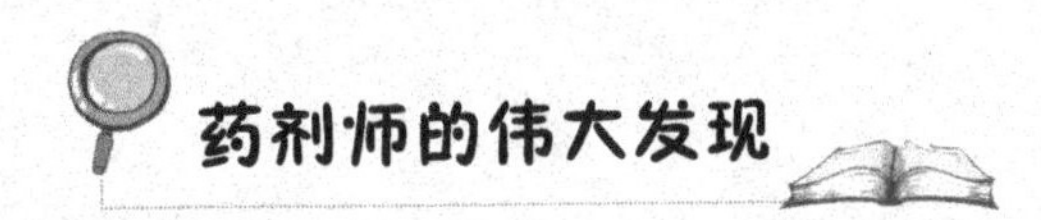

药剂师的伟大发现

施瓦布最初只是德国的一个职业药剂师，但他十分爱好天文观测，是一个狂热而又异常勤奋的天文迷。

他从1826年开始对太阳进行观测，只要天气晴朗，他的观测便从不间断，坚持了整整17年的时间，目的就是为了找到传说中那个存在于太阳和金星之间的“火神星”。

有一天，施瓦布把17年来所积累的有几柜子之多的太阳黑子图，全部翻出来进行比较，想从中寻觅到“火神星”的蛛丝马迹。

可是，万万没有想到的是，他朝思暮想的“火神星”始终没有露面，却意外地发现了另外一种现象——太阳黑子的11年周期变化。太阳黑子的出现，有的年份多，有的年份少，有时甚至几天、几十天日面上都没有黑子。施瓦布发现，太阳黑子从最多（或最少）的年份到下一次最多（或最少）的年份，大约相隔11年。也就是说，太阳黑子有平均11年的活动周期，这也是整个太阳的活动周期。

这顿时令施瓦布非常高兴，于是他马上把自己的发现写成论文，寄到天文期刊编辑部。可是，编辑们见他只不过是一个普通药剂师，对他的论文根本不屑一顾，便也无暇理睬他。

然而，施瓦布并没有因此而气馁，越是有这般遭遇，他就越是不甘于失败。于是，他仍然继续坚持每天的观测工作。

时间就这么一天天地过去了。16年后，也就是1859年，施瓦布已年近古稀，成了头发斑白的老人。可是，始终没有见到“火神星”的踪影，而太阳黑子变化的规律却更加明显了。

于是，他把自己的观测成果告诉了一位天文学家，这位天文学家立即把施瓦布这一重大发现整理成论文公之于世。

“这次会不会再像上次那样，研究的成果不被认可呢?”施瓦布开始担心起来。

但出乎意料的是，这篇论文公布不久，就收到了回音。他的发现立即受到了天文学家们的极大重视，并很快得到了证实。

现在，太阳活动的11年周期变化已成为大家公认的太阳活动的基本规律。天文学家把太阳黑子最多的年份称为“太阳活动峰年”（活动最活跃的年份），把太阳黑子最少的年份称为“太阳活动宁静年”（活动最不活跃的年份）。

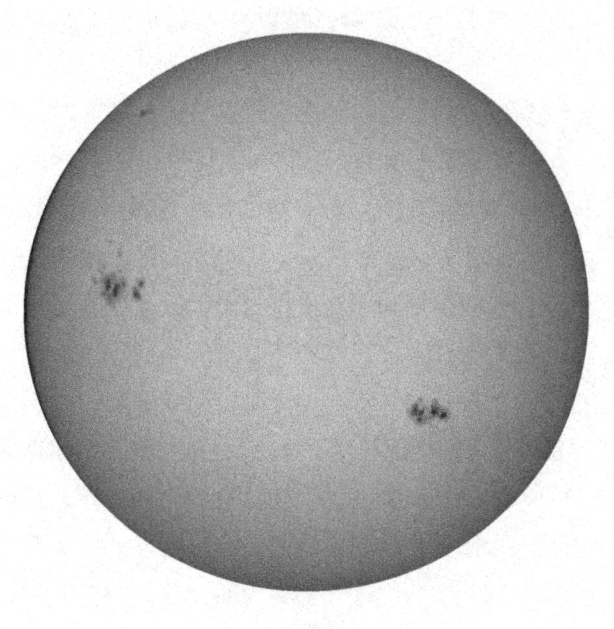

太阳黑子

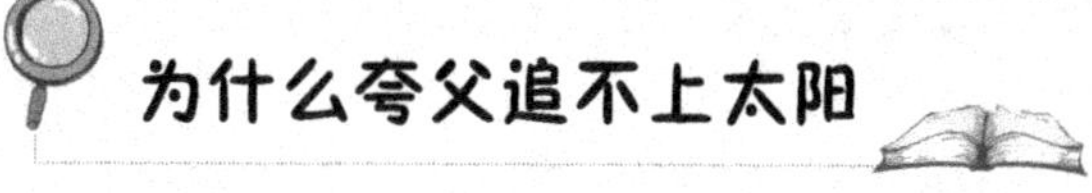

为什么夸父追不上太阳

传说古时候，中国遥远北方有一座名叫“成都载天”的山，在这座大山上生活着大神传下的子孙——夸父族。

夸父族个个都是身材高大、力大无比的巨人，看上去样子很可怕。但实际上他们性情温顺而善良，都为创建美好的生活而勤奋地努力着。

北方天气寒冷，冬季漫长，夏季虽暖但却很短。每天太阳从东方升起，未待山头的积雪融化，又匆匆从西边落下去了。夸父族的人想，要是能把太阳追回来，让它永久高悬在成都载天的上空，不断地给大地光和热，那该多好啊！于是他们从本族中推选出一名英雄，去追赶太阳，这个人的名字就叫“夸父”。

夸父被推选出来，心中十分高兴，他决心不辜负全族父老的期望，跟太阳赛跑，把它追回来。于是他跨出大步，风驰电掣般朝西方追去，转眼就是几千几万里。他一直追到禺谷，那儿是太阳落山的地方，那一轮又红又大的火球就展现在夸父的眼前。这一刻他万分激动和兴奋，想立刻伸出自己的一双巨臂，把太阳捉住带回去。

可是他已经奔跑一天了，火辣辣的太阳晒得他口渴难忍。于是他便俯下身去喝大河里的水，顷刻间，两条河的河水都让他喝干了，还没有解渴。他只得又向北方跑去，要喝北方大泽里的水。但不幸的是，他还没到达目的地，就在中途渴死了。

夸父的精神和勇气值得赞颂，但他真的追上了太阳吗？

我们可以直接回答：那是不可能的。

大家应该都知道，地球是太阳系中唯一有生命的行星，本身是不能发光的，必须借助于太阳的光和热来哺育其上的生命。地球被太阳照亮的半球，就是白天，背离太阳的一面就是黑夜，加上地球自西向东自转，这就使白天和夜里不断更替，因此也就会看到太阳总是从东方升起，西边落下。夸父看到的太阳西行，实际上是地球自转的结果。即便夸父腿长脚大，力大无比，跑得飞快，也无法改变这个事实，他就算能追在太阳后面，但太阳永远也不会等他去追啊！

太阳的末日什么时候到来

沐浴在太阳的无尽光辉中，一个问题油然而生，那就是太阳的能量会有一天燃烧殆尽吗？如果真有那么一天，“世界末日”会来临吗？

因为太阳是地球万物生长的动力源泉，没有太阳，地球上的万物就会灭亡。太阳每时每刻都在向周围空间辐射着巨大的能量，地球上的绿色植物正是利用了太阳光才启动了光合作用，为地球上的生物提供了至关重要的氧气和有机物。假如没有了太阳，地球肯定要遭殃，地球上的生物也会跟着遭殃。

然而，太阳的灭亡已经是注定了的，即便我们能力再大，也阻止不了它的发生。

科学告诉我们，恒星的演变过程就是中心核内的氢开始燃烧直到全部生成氦。恒星存在的时间长短是根据各自质量而定的。星体膨胀速度与产生的热量成正比。就是说，星体产生的热量越多，膨胀的速度越快，存在的时间也越短。

太阳是一颗恒星，每秒钟向太空中释放的能量，大约相当于900亿颗百万吨级的氢弹同时爆炸所释放的光热总量。在这个过程中，太阳体内的氢不断减少，氦不断产生。科学家研究发现，太阳的氢聚变已经持续46亿年了，而太阳最多可存在100亿年的时间，也就是说，太阳还剩下50多亿年的寿命。

50多亿年？哦，这时间可真漫长，我们可以暂时不用担心自己的安危问题，那就为太阳考虑一下吧。

当一颗恒星步入老年期时，它将首先变为一颗红巨星。到了这个阶段恒星将膨胀到原来体积的10亿倍，因此称为巨星。红巨星时期的恒星表面温度相对很低，但极为明亮，因为它们的体积非常巨大。如果照这样推测，太阳最后膨胀10亿倍，足可以吞掉地球等其他太阳系行星。红巨星一旦形成，就朝恒星的下一阶段——白矮星进发，它的外观呈现灰白色，体积小、亮度低，但质量大、密度极高。

科学家认为，太阳在50亿年后将变成红巨星，届时地球上一切生命都会灭亡，大概这个阶段会停留10亿年，那时太阳的光亮将是今天的几十倍。此后，太阳继续膨胀，而且速度加快，然后它将吞没太阳系所有星体。接着太阳会剧烈抖动，大量物质会脱落跌进太空，剩下的部分缩为白矮星。

不过“世界末日”还很遥远，这个年限如此之长，现在的我们完全可以高枕无忧，因为我们人类的历史才不过几百万年，人类文明的历史才不过几千年。

第6章

永不变心的卫兵

——窥探月球

月球是怎样产生的

晚间，我们观看头上那颗悬挂的月亮，你会发现她不但面容美丽，而且那里面好像还有亭台楼阁、彩云玉树；人们会说里面有嫦娥、玉兔，有人拎着斧头伐木；我们还不会忘记猴子捞月亮的故事，她有时是会掉到水井里、水潭里的，不过转瞬她又回到了天上。

法国大作家雨果说，“月球是梦的王国，幻想的王国”；诗人李白有“床前明月光，疑是地上霜”的诗句；文人苏轼还要“把酒问苍天”，向月亮提问“明月几时有?”

是啊，古今中外，世世代代，有多少人对月亮顶礼膜拜，希望揭开她的面纱，知道她的起源。

1969 年 7 月 20 日，当美国实施“阿波罗”登月计划的时候，许多人都大松一口气，认为这次人类登月可以知道月球的起源，实现有史以来的梦想。然而，没有想到的是，“阿波罗”登月计划并没有带回科学家们预期的答案，这让人无限惋惜。

月球

迄今为止，关于月球的起源，有三种比较出名的假说，让人们对月球更加痴迷。

一是捕获说。这种假说的意思是，月球是地球用引力从空中抓过来给自己当护卫的。这一假说认为，月球原来是太阳系或宇宙中一颗自由自在的行星，当这颗冒失的行星闯到地球引力范围之内时，立即被地球老实而不客气地把它强行留在轨道上，成了地球的卫星。但是，这一假说从天文学的角度来讲不太现实。天体物理学家和天体力学家认为，地球捕获月球作为卫星的可能极小，因为地球没有那么大力气。

二是同源说。这种假说是说月球是地球的兄弟或者姐妹。这种假说认为，宇宙起源于一场大爆炸，在大爆炸过程中，宇宙物质四处扩散，最早形成了太阳系宇宙尘埃团，这个团状的物体围绕一个中心高速旋转，中心四周的物质逐渐凝聚成太阳，四周旋转中的物质，渐渐形成了行星和卫星，地球和月球是一奶同胞。

三是分裂说。这种假说的意思是，月球是地球的子女。这种观点认为，在地球形成初期，曾发生反复分裂，由于一次巨大的爆炸，将地球上的一部分物质给“抛”了出去，于是形成了月亮。现在太平洋的面积与月球的面积差不多，所以有的人认为地球是在“挤”出一部分物质之后形成了太平洋。

同源说和分裂说有没有科学道理呢？科学家认为，这两种假说必须找到一条有利的证据，那就是月球与地球的年龄要相等，而且月球的物质构成要与地球的物质构成一致。但科学家对从月球带回的月面表层原始标本进行分析，发现月球跟地球并不同龄，而且构成物质也大不一样。这就极大动摇了以上两种学说。

以上假说各自都有缺陷，而这些缺陷又远不是现在的科学水平所能解决得了的。月球究竟是怎么产生的，等待着更多的人去揭开其中的秘密。

如何区别新月和残月

有一首叫《弯弯的月亮》的歌，歌词是那么美：

遥远的夜空，有一个弯弯的月亮。弯弯的月亮下面，是那弯弯的小桥。小桥的旁边，有一条弯弯的小船……

月亮有时如一块圆圆的明镜，有时就如这首歌词里说的，月亮是弯弯的，像弯弯的小桥，也像弯弯的小船。

在大多数时间，月亮呈现的是月牙儿，不注意的话，我们总会有弯弯的月牙儿总是那一个样子的错觉。

其实，你看到的月牙儿有可能是新月，也有可能是残月。也就是刚开始出现的月牙和快要被遮挡住的月牙。

如何区分新月、残月，着实难倒了许多人。

区分新月和残月的方法，通常是看弯月鼓出的一面朝什么方向。这是有规律的：总是向右面凸出的是新月，而残月则是向左凸出。由于人们容易混淆新月和残月的突出方向，聪明的先辈们就发明了一些简明的方法区分它们。

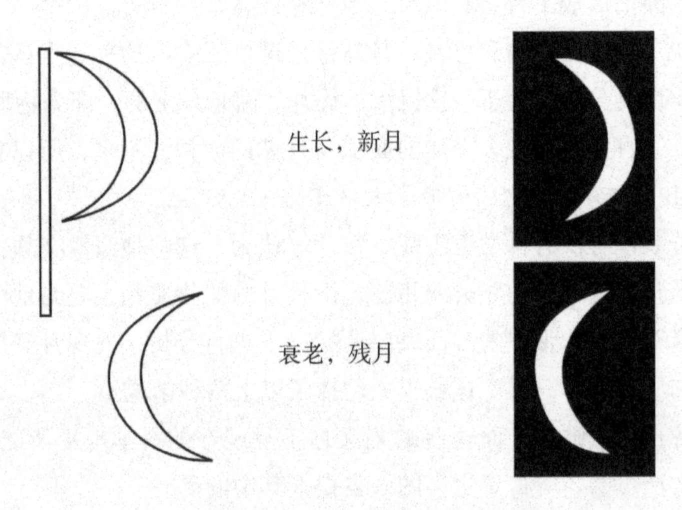

区别新月、残月的简单方法

在北半球，我们可以利用两个字母来区分新月和残月——“P”和“C”，向外鼓着肚子的字母“P”很像一个正在努力生长的月亮，这就是新月；与之相对的“C”则瘦瘦的，肚子内凹，很像一个逐渐走向衰老的月亮，这就是残月。

但是，如果你是在澳大利亚或者非洲、南美洲南部，上述办法就不适用了。因为它们在南半球，那里人们看到的新月和残月，突出方向与北半球恰恰相反。还有一个地方也不适用北半球的方法，那就是赤道及其附近纬度带。那里的弯月几乎是横着的，像荡漾在海面上的小船或是一道发光的拱形门，在阿拉伯的传说里把它形容为“月亮的梭子”。如果你想在这样的地方判断天空中是新月还是残月，可以利用一种天文学方法：新月出现于黄昏时的西面天空；残月则出现在清晨的东面天空。

了解了这些方法，你就可以在地球的任何地方准确地区分夜空中悬挂的弯月到底是新月还是残月了。

你想站在月球上看天空吗

对着天上那轮让人遐想的明月，你曾想过要登上去畅游吗？

如果有机会能到月球表面游玩，你可要失望了，因为月球上的天空不如地球上的天空那样好看。

站在月球上，首先映入眼帘的就会是那漫天黑幕。

原来，站在地球上的我们，之所以能够看到蔚蓝色的天空、美丽的晨曦、灿烂的晚霞……种种令人沉醉的天空美景，都应该感谢那一层轻轻的大气的包围。如果这层大气消失，那么这些美好的画面都不会存在。天空的蔚蓝色将变成无边无际的黑暗，日出和日落时的美丽景象也不再有，取而代之的是突然交替的昼夜；有日光的地方将会炙热一片，日光直射不到的地方将被黑暗吞没。

月球上因为没有空气，白天只有一个明亮的太阳，周围都是黑的，甚至能看到星星；夜间看星星要比从地球看到的耀眼多了，也不像从地球看到的那样不停闪烁。

从地球上看月球，皎洁的月亮仿佛是夜空里的一位仙子。如果站在月球上看地球，会有什么不一样的景色呢？有一位曾经研究过这一问题的天文学家写下了下面这段话：

“从其他星球观察我们的地球，能看见的只是一个发光的圆盘，地球上的任何细节都将被隐藏。因为，日光投射到地球上，还没有落到地面就被大气和大气中的杂质漫射到空中去了。虽然地面本身反射光线，但经过大气漫射就变得极其微弱了。”

这段话说明了从月球看地球的样子。地面总被云半遮半掩，大气层也会把日光漫射开。所以，从月球看到的地球应该是非常明亮的，至于细节则根本没有。有一些关于从宇宙看地球的绘画作品，描绘出地球两极区域的冰雪和大陆的轮廓等细节，实际上是不存在的。

从月球上看地球（月球地平线上的地球）

月球上的“高山”和“大海”

在晴朗的月夜，仔细观察月球表面，你会发现上面有些地方暗，有些地方亮。中国古代人看到这些影子时，便根据它们形状，构思出很多美丽的神话传说。

300 多年前，意大利科学家伽利略用自己制作的望远镜对准月球，第一次看到了月球的表面。

伽利略发现，那些看上去亮的部分，像是一座座高山；那些看上去暗的部分，好像一片片海洋。伽利略还为这些高山和海洋取了名字。

现在，人类的足迹已经登上了月球表面，取得了很多关于月球的观测数据和实景图片。科学家发现，月球上确实有很多高原和山脉，但那些看上去暗的地方，却不是海洋而是平原。到今天为止，人类还没在月球上发现一滴水，更不用说海洋了。

月球表面有起伏的群山，还有非常奇特的“环形山”，环形山这个名字是伽利略起的。它是月面的显著特征，几乎布满了整个月面。仅月球正面，直径1千米以上的环形山就超过3.3万座。它们像一只只大碗，中间凹陷，周围高起来；有的环形山中央，还高高地耸立着一座或几座山峰。最大的环形山是南极附近的贝利环形山，直径295千米，比海南岛还大一点。小的环形山甚至可能是一个几十厘米宽的坑洞。

月球表面的环形山

月球上虽然没有海洋，但月球上的平原仍然沿用之前的名字，比如“云海”“湿海”“静海”“风暴洋”等，已确定的月海有22个，此外还有些地形称为“类月海”。公认的22个月海，绝大多数分布在月球正面，背面有三四个在边缘地区。其中风暴洋是月球上最大的“海”，它有中国国土面积的一半那么大呢。

大多数月海大致呈圆形、椭圆形，并且四周多被一些山脉封住，但也有一些海是连成一片的。除了“海”以外，还有五个地形与之类似的“湖”——梦湖、死湖、夏湖、秋湖、春湖，可有的湖比海还大。

月海的地势一般较低，类似地球上的盆地，月海比月球平均水准面低1 000～2 000米，个别最低的海如雨海的东南部甚至比周围低6 000米。月面的返照率（一种量度反射太阳光本领的物理量）也比较低，因而显得较黑。

地球上有着许多著名的裂谷，如东非大裂谷。月面上也有这种构造，那些看来弯弯曲曲的黑色大裂缝就是月谷，它们绵延几百到上千千米，宽度从几千米到几十千米不等。那些较宽的月谷大多出现在月面上较平坦的地区，而那些较窄、较小的月谷（有时又称为月溪）则到处都有。

最著名的月谷是在柏拉图环形山的东南联结雨海和冷海的阿尔卑斯大月谷，它把月面上的阿尔卑斯山拦腰截断，很是壮观。从太空拍得的照片估计，它长达 130 千米，宽 10 ～ 12 千米。

为什么月球是个麻土豆

古代以来，月球在人们的眼中都是一张美丽的面庞，可自从人们发明了望远镜，月球的美丽就被大打折扣，甚至让很多人大失所望。

原来用望远镜观望发现，月球是个麻子脸！远处看很美丽，凑近一看，脸上全是坑坑洼洼的。

为什么月球是个麻土豆呢?

其实月球也很倒霉，上面的坑是被星际物质撞击留下的。

我们都曾在夜里看过一闪即逝的流星，那是在太空中流浪的陨石被地球的引力拉进来的结果。陨石在飞进大气层时会因摩擦生热而发光；有的陨石体积较大，大气层来不及将它烧成灰烬，于是剩余的石块就会一头撞进地球表面，造成陨石坑。例如，五万年前，在美国亚利桑那州就曾发生陨石撞击，造成了一个直径 1.2 千米，深 180 米的大坑。

陨石飞向地球，大多数时候会和大气层产生强烈的摩擦而被烧成灰烬，所以不会对地球造成伤害。即便有一些没被烧尽的陨石砸向地球，把地球砸出了坑洼，但因为地球上有空气、风力和水流，这些外力就像一个“美容师”，时时刻刻作用着地球表面，抹平了地球上的坑坑洼洼，使地表变得平坦。

但是月球上空没有大气层保护，因此所有大大小小的陨石，都会以原尺寸撞击在月球表面。这些陨石坠落的速度至少 15 千米/秒，它所具有的动能忽然变成势能，使得这块物质本身和它碰着的东西温度骤然升高，于是，它就立刻挥发，造成一个轰轰

月球表面

烈烈的爆炸，使得大量的固体物质被抛射到远方去。这样在爆炸处便造成一个坑穴，可能比原来的陨星的范围还大得多。

月球就在这一次次的撞击中变成了个大花脸，又加上月球上没有空气、风力和水流等外力，月球也就没有机会“做美容”。于是，月球上的坑坑洼洼就变得越来越多了。

月球的恩赐——潮汐

哗——哗——

黑夜里，是谁在海边独自哭泣呢？

当然是海水，凡是到过海边的人，都会看到海水有一种神奇壮观的涨落现象：到了一定时间，海水推波助澜，迅猛上涨，达到高潮；一段时间之后，上涨的海水又自行退去，留下一片沙滩，出现低潮。如此循环重复，永不停息。

在很早以前，古人就已经观察到了潮水现象。在中国古代，把发生在白昼的海水涨落称为“潮”；把发生在夜晚的海水涨落称为“汐”，合称“潮汐”。

中国的先民们发现，潮汐和月亮似乎有某种关系，每月农历十五前后会有大潮。因此，很多地方有农历八月十八看大潮的习俗。虽然古人观察到了潮汐与月球有关，但由于当时科技的落后和认识水平的局限，对潮汐的形成原因不能做出解释，只好祈求苍天保佑百姓生活的安定。在大潮来临之际，附近的老百姓会以不同方式敬祭潮神，有的地方还会建起一座神庙祭祀，祈求岁岁平安。

17 世纪英国科学家牛顿发现了万有引力定律之后，人类对潮汐的原因有了科学的解释。

原来，潮汐是由太阳和月亮、地球三者的关系形成的，而且主要是由月亮的引力造成的。月亮和地球之间有某种相互吸引的力量，如果这个力量足够强大，月亮和地球早就碰到一起了，可月亮的吸引力还没有大到那个地步，它的引力只能吸引地球上的海水。人们把这种吸引海水涨潮的力叫引潮力。与月亮面对面的海水受到月亮的吸引涌到岸边，形成涨潮。

由于月球在昼夜不停地围绕地球转动，因此地球表面各地离月亮的远近是不一样的，海水所受的引潮力也会出现差异。一般情况下，正对着月球的地方引潮力大，背对着月亮的海水所受引潮力变小。由于天体是运动的，各地海水所受的引潮力不断在变化，使地球上的海水发生了时涨时落的运动，从而形成了潮汐现象。

由于地球一天自转一圈，海水的涨潮和退潮现象一天分别出现两次。所以，海水在一个太阳日（24 小时 50 分）内有两次高潮和两次低潮。

你不要认为月球这是多此一举，潮汐可是月球送给地球的礼物呢。

自古以来，人们适应潮汐开展交通、军事、渔业等活动，收益不少；潮汐还蕴藏着非常巨大的能量，世界上许多国家都用它发电，中国的江厦潮汐电站每年发电 10 700 万度。

有意思的是，一些生物学家认为，潮汐的变化可能是地球生物进化的重要推手：原先栖息在海洋中的某些生物随着潮涨潮落向陆地进军，在漫长的演化过程中，一些坚强的生命就在海陆交界地带最先生存了下来。潮汐给地球生命的滋生、繁衍抹上了浓墨重彩的一笔。

潮汐

罕见的黑夜彩虹

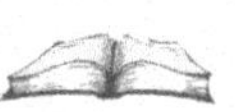

让我们先来猜一条谜语：“一座桥，七种色，高而远，只能看，不能走。”

答案是什么，你猜到了吗？

“彩虹！”

对的，答案是彩虹。

彩虹是由空中雨滴像三棱镜那样折射分解阳光而形成的，按照常理分析，彩虹似乎只有在白天有太阳的时候才会出现。可是，在一些地方，黑夜里竟然也有彩虹。

1987 年 6 月 7 日午夜，中国新疆乌苏县出现了一条呈乳黄色的彩虹。有幸看到这一奇观的人描述说：“那条彩虹色彩浓郁，在月光和闪电的映衬下，婀娜多姿，十分动人。”

这种在夜晚出现的彩虹，叫作“月虹”，是由于月光照射而产生的。通常情况下，月虹比较朦胧，常常出现在月亮反方向的天空。

说到这里，有人可能会问，月亮是不会发光的星球，怎会制造出彩虹？

其实，月亮虽然不能发光，却可以反射太阳光，这也正是月光的由来。太阳光是七色光，所以月球反射的光线也是由红、橙、黄、绿、蓝、靛、紫这七种可见的单色光组成的。如果晚上月光足够明亮，而大气中又有适当的云雨滴，同样可以形成彩色的月虹。

不过，月光毕竟比太阳光弱很多，所以大多数月虹都被误认为呈白色，因为微弱的光线使月虹显得特别暗，颜色自然也就难以分辨出来了。如果能够把看上去是白色的月虹拍摄下来，结果照片肯定会显示出和日虹一样的彩色。

中国对月虹现象早有记载。《魏书》中记述公元 243 年 11 月的一晚出现了月晕，同时出现了彩虹："东有白虹长二丈许，西有白虹长一匹，北有虹长一丈余，外赤内青黄，虹北有背……"

这段记载里所说"虹北有背"，很有可能就是指在虹外侧还有色彩较淡的副虹。中国的古人不仅把月虹的现象记录在了史书里，还用美丽的诗歌描绘着这种奇妙的景象："谁把青红线两条，和云和雨系天腰？玉皇昨夜銮舆出，万里长空架彩桥。"

现在，人们对月虹的成因了解得越来越清楚，却依然对其保持着非常浓厚的兴趣，因为月光毕竟比太阳光弱得多，形成的月虹往往没有日虹那么明亮，有时候人们甚至很难发现。

所以，月虹的出现还是格外新奇引人的，以至 1987 年出现在美国克邦斯普敦城的月虹引发了极为壮观的观赏盛况。

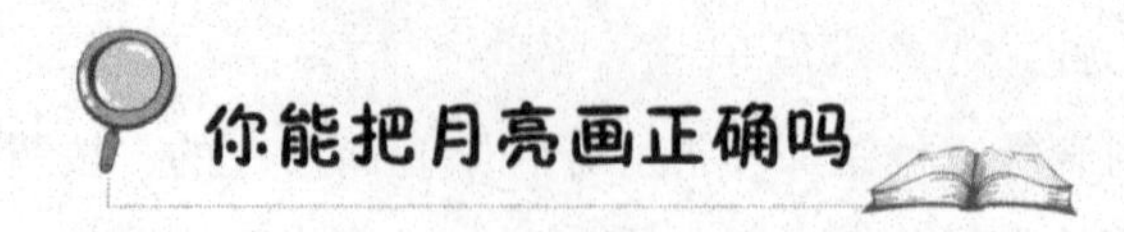

你能把月亮画正确吗

月亮是画家们钟爱的"模特"。

在生活中，我们经常看到关于月亮的风景画。画家们能把画面布置得很美丽，却并不一定能把月亮画正确。

你知道这是为什么吗？先来看看下面这幅风景画，你能找出它有什么错误吗？

右图就是一幅关于月亮的画作，画面上太阳即将升起，月亮还挂在天空，这在生活中，是很常见的景象。

哪里存在问题了？原来，画家将弯月的两个角朝向太阳了，而实际上朝向太阳的应该是弯月的凸面。这是因为月亮是绕地球运转的卫星，本身不能发光，我们看到的月光是月球反射的太阳光，这就是弯月凸面朝向太阳的原因。

想要画好月亮不仅仅要注意上面说的问题，月亮的内外弧也很容易被画错。请看下面这幅图，你知道哪一个是正确的弯月的造型吗？

弯月的内弧是月球受太阳光照射部分的边缘阴影，所以它是半椭圆形，外弧则是半圆形的。所以，图中的b图是正确的。如果绘画作品中出现内外弧都是半圆形的弯月（图a），那就不符合天文学常识了。小小天文学家们，你们可以在绘画作品中检验一下，画家们有没有把弯月的形状画正确。

指出这张风景画上的一点天文学错误

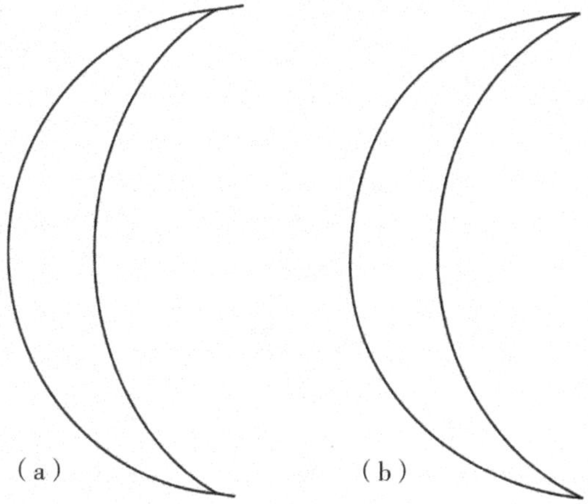

（a）　（b）

弯月的形状应该是哪一个？

看来，想要把月亮画正确还真是得在天文学上下一番功夫。

第7章

亿万年不灭的神灯

——揭秘恒星

孕育恒星的摇篮

古老的传说故事认为，天空中的每一颗星星，都代表着地上的一个人。这种说法虽然没有科学道理，但是，有一点可以肯定，天上的每一颗星星和我们人类一样，都有过母体的孕育，痛苦的出生，也有过美好的童年。

恒星是怎么出生，又是怎样长大的呢？

宇宙中，有一种没有形状也没有明显边际的星云，它是由宇宙间星际物质的积淀与聚合而产生的。在大约几十到上百光年的直径范围内，它们的平均密度只有每立方米 10 到 100 个原子。而这种被称为弥散星云的天体正是无数颗耀眼恒星被孕育和出生的场所。

弥散星云的质量非常大，因此弥散星云内部的引力作用也异常强烈。强大的引力使星云中的气体急速坍缩，这种运动使体积巨大的星云在收缩的过程中碎裂成大小不一、形态也不规则的许多小星云。由于小星云的密度比较大，因此内部的坍缩并没有停止。

小星云坍缩时所产生和释放的能量都以红外线的方式，从近于透明的星云云体中悄悄溜走了，因此温度依然很低。但随着坍缩的继续，星云的密度逐渐变大，云体也开始变得不再透明，坍缩运动所发出的能量就都被越来越稠密的星云物质吸收了。这样一来，小星云的温度就开始慢慢上升。

随着密度的进一步增大，小星云的形状在引力的牵引下逐渐旋转成为一个个球状体，这种球状体便是恒星的“胚胎”了。经过几百万年到上千万年的演变，当温度达到能够引发原子反应的程度时，炽热而又明亮的恒星宝宝就诞生了。

跟人类一样，弥散星云中的众多小星云最终能不能发育成恒星，关键在于它们的质量是否够大。

质量较小的星云，在坍缩的过程中，内部只能发生一些低水平的原子反应。这一过程，虽然也能够释放出一定的能量，但并不能长久维持。那些质量较小的星云即使能够坍缩成恒星，也很快便在能量的不断流失中迅速消亡，就如母腹中未出生或者出生不久的小动物流产和夭折一样。只有那些质量大的星云形成的恒星才有可能在优胜劣汰的残酷法则中幸存下来。

弥散星云

弥散星云孕育并制造恒星的过程是漫长而艰辛的，因为除了引力作用外，星云内部的热运动与磁场作用都会对恒星的成长造成巨大的影响。哪一个环节都不允许出现丝毫的差错，否则就会使刚刚出现的恒星“胚胎”胎死腹中。

在恒星的诞生过程中，还有一个比较奇特的现象。科学家们发现，质量越大的恒星，从开始形成到最终诞生所需要的时间越短；质量越小的恒星则正好相反，需要的时间往往比较漫长。两者之间的差距常常会达到惊人的数亿到数十亿年之巨。

恒星先生的自传

一个人的一生，在整个宇宙的时光长河中往往显得微不足道。从出生到死亡，不过是几十年的岁月。而与我们人类相比，恒星一生所走过的历程显得无比漫长。

今天我们就来邀请一位年迈的恒星先生，谈一谈每颗恒星都会走过的一生。

大家好，我是来自牧夫座的大角星亚克多罗斯。

我虽然是一颗已到暮年的红巨星，但却是你们在地球上能够看到的最为明亮的星星之一。不过再过很多年，你们也许就再也见不到我了。因为到那时，我可能已经变成了一朵四处飘散的云彩。好了，言归正传，我希望能够在有生之年，与你们一同分享一颗恒星漫长的一生中所可能经历的事情。

大角星亚克多罗斯

同其他的许多兄弟姐妹一样，我出生在一片似有若无的弥散星云中。那个时候，我总是觉得很饿，于是就不停地将周围空间中所能遇到的东西都吸附到自己的身边来。后来我的身体越来越重，但是却总是感觉很冷很冷。我开始试着缩紧自己的身体，在这一过程中，我逐渐感觉到一股股热量在自己的体内快速地流动。后来我变得越来越胖，变成了一个圆圆的肉球，说实话，我讨厌那样的自己。

时间就这样一分一秒地过去，我突然发现自己变成了一个全身发烫的大圆球。虽然我的身材已经十分臃肿，但是却依然觉得很饿，只能靠不断地吸食附近的物质来抵抗那令人沮丧的饥饿感。现在回忆起来还真是有些惭愧，婴儿时期的我的确是一个不折不扣的大胃王。

大约 10 万年的时光就在这样的不知不觉中过去了，大概是摄入的营养过于丰盛，我感觉越来越热。突然有一天，我惊奇地发现自己的身体冒起火来，我竟然变成了一个大火球！

在我的身体内部，也感觉到一种奇妙的变化，就像是出现了一个巨大的火炉，不断地燃烧并喷射出炽热的火焰。我觉得自己在那一刻彻底地脱胎换骨了，家族中的长辈们也微笑着告诉我："亲爱的亚克多罗斯，恭喜你加入成年恒星的行列！"

从那时起，我开始了一段漫长而又难忘的生活。就像你们的太阳所做的那样，我努力地发出光和热，将周围冰冷黑暗的世界彻底笼罩在自己的光辉之下。

后来，我渐渐地感觉到自己的衰老，因为我再也不能够像从前那样做一些剧烈的运动了。身体健康的每况愈下，这使我的面色看上去也与年轻的时候大不一样了。终于，我不得不承认自己已经进入老年恒星的序列。随着氢的最终耗尽，我不得不将氦也投入到火炉中取暖。但是氦可并不像氢一样驯服，它们总是不停地捣乱，在火炉中四处乱窜。于是我的身体在这种内部的冲突中重新膨胀。

又过了很久，我就变成现在你们所看到的这个样子了。我的身体还在不断地膨胀，当氦也燃烧殆尽的时候，我也将结束自己这漫长的一生了。

我的许多老朋友们已经先我而去了，而这样的事情，每天都在发生着。他们之中有的变成了白矮星，有的变成了中子星，还有一些坍缩成了可怕的黑洞。我也经常会想，自己最终将何去何从。

当我还是一个孩子的时候，家族里的长辈就曾告诉我，当我们恒星内部的燃料全部燃尽的时候，内部的压力会因为失去平衡而将内核中的原子不断地挤压在一起，这就是可怕的坍缩。

当坍缩进行到一定程度的时候，一种叫作强核力的东西会使引力失去优势，这时恒星就变成了一颗白矮星。而如果我们恒星自身的质量足够大，强大的引力可能会战胜这种抑制坍缩的强核力。这样就会形成更为致密的中子星或者黑洞。一般情况下，只有家族里的大块头才有可能变成中子星，小个子和普通成员的命运都是变成一颗会发出乳白色光芒的白矮星。

现在你们应该很清楚了，与人类的生老病死一样，从原恒星到成年恒星再到最后的白矮星、中子星或黑洞，这就是每颗恒星的一生都会经历的事情。作为一颗红巨星，我并不感到难过，因为在我爆炸的瞬间，将会是整个宇宙中最为辉煌灿烂的时刻之一。

再见啦，孩子们，希望你们都能够珍惜生命，这样就能够在有限中看到永恒的光芒。

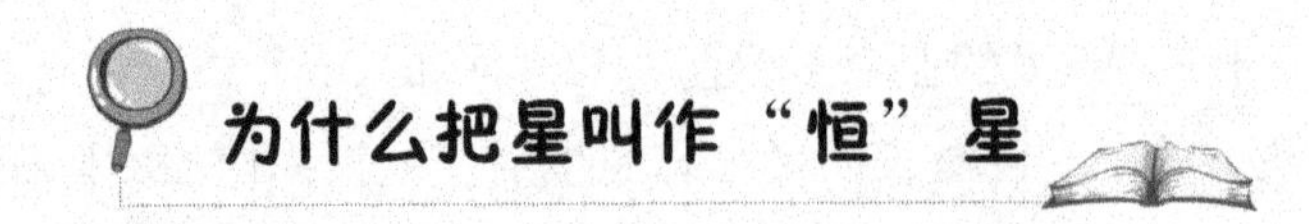

为什么把星叫作“恒”星

我们已经知道，恒星是一个能够自己发光发热、不停燃烧的大气球。那为什么把它叫作恒星呢？这个“恒”字，是形容星星永恒不变，还是说它静止不动呢？

很久以前，我们人类是根据恒星的特点来命名的，在那时的命名中，“恒星”的“恒”字指的是稳定不变，“行星”的“行”字是指不停地改变位置；恒星位于中央静止不动，而行星则围绕它们不停地运转，两者正好组成宇宙中的一个个星系。

现在，我们需要另外指出的是，所有恒星，连我们的太阳在内，都是在彼此做相对运动的。所以，原先的认为恒星静止不动的说法是不对的。

我们这样说，可能会有人感到疑惑，为什么我们会看不到恒星的运动呢？为什么自古以来的星图就和现在一样，好像永远不会改变呢？千百年来，我们看到的恒星都是稳定平静地漂浮在夜幕之上，显得规矩有礼貌。又如何让我们相信恒星是运动淘气的呢？

在解释前让我们先举一个例子：当你站在高处或远处，观察在地平线上飞驰的火车时，你可能会感觉到这辆快车正像乌龟般慢慢爬行，而那在近处时看到的让人害怕、让人头晕的速度却完全不复存在，这就是距离在作怪。

同样，对于人类来说，恒星离我们非常非常远，远到不可思议，恒星的运动也同远处的火车一样，由于距离原因，飞驰的速度完全无法被人感知。如果用肉眼去看，是不会观察出什么不同的。就连天文学家，也是利用仪器做过了无数次辛勤测量，才得到了星体移动的结果。

所以，恒星虽然在运动，但因为恒星的这种运动并不破坏它们相互间的相对稳定的位置，所以看上去仍然是“恒定不动”的。也正由于这个原因，我们现在仍然把这些星星叫作“恒”星，先不给它们改名。

白天藏起来的星辰

在没有月光的晴朗夜晚，在远离灯光的地方，我们一般人用肉眼可以看到6 000多颗恒星。

那么白天能不能看到恒星呢?

有人反应很快，会立即回答。白天当然能看到恒星，太阳就是一颗恒星啊。

是的，大家知道白天能够看到太阳这颗恒星，这是常识问题。那么其他恒星呢?能不能看到?

在历史上，这个问题有很多人研究过，普遍的说法是，如果站在深的矿坑、深井或高高的烟囱的底下就可以在白天看见恒星。

事实上，矿坑或深井可以帮助我们在白天看到星星这一观点，在理论上是说不通的，白天之所以看不到星星，是因为天空的光亮把它掩盖住了，地球上受太阳光照亮的大气妨碍我们看见它们，空气的微粒所漫射的太阳光比恒星照射过来的光还强。即使人们进入到深的矿坑或井中，这一条件仍然没有得到改变，空气中的微粒，仍然可以漫射光线，使我们看不见星星。

只要做一个很简单的实验，就可以说明上述问题。找一个硬纸匣，在侧壁上用针刺几个小孔，再在壁外贴一张白纸，把这纸匣放在一间黑屋子里，再在匣子里面装一盏灯。这时候，在那刺了孔的壁上就会出现一些明亮的光点，这和夜间天空的星星相似。然后，打开室中的电灯，这时象征着天亮了，尽管匣里的电灯还是亮的，但白纸上的人造星星，其光亮会立即消失得无踪无影。

随着科技的发展，人们可以利用望远镜在白天看到星星，许多人依然固执地认为那是由于“从管底”观察的结果，但这实际上也是错误的。真正的原因是，望远镜中玻璃透镜的折光作用和反射镜的反光作用，使被观察的那部分天空变暗，与此同时，光点状的恒星被望远镜加亮，这样，我们才看到了遥远的恒星。

看来，我们在白天用肉眼是看不到其他恒星的，很多人可能会因为这个结果感到沮丧，但凡事都有少许例外。我们虽然看不到恒星，但有一些特别明亮的行星，比如金星、木星、火星，它们的光比恒星亮得多，如果在太阳比较暗等条件适宜的时候，在白天也可以看得见。

上面的关于在深井中看到星星的理论，也许说的就是这种情形，井壁挡住了强烈的太阳光，使我们的眼睛可以看得更清楚些，于是我们能够看到比较近的行星，但这是绝不可能帮助我们看见遥远的恒星的。

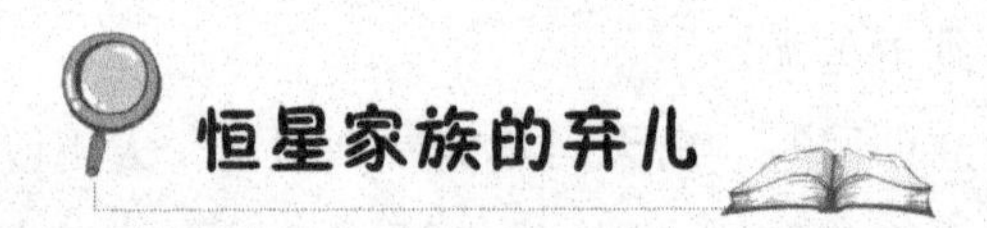

恒星家族的弃儿

每个婴儿呱呱落地的时候，医生会给他们称体重。人类婴儿出生时的正常体重范围在2.5～4公斤，如果低于或者高出这个范围，婴儿的健康可能会存在问题，父母在抚养他们时，就需要花费更多的精力。

婴儿出生时的体重跟健康息息相关，星星们也有类似情况。恒星的命运和我们人类十分相像，它们的体重也会影响到恒星的成长历程和最终结局。更加悲惨的是，有的星星因为体重不达标，竟然被恒星家族拒绝接收。

我们已经知道，恒星在还是一个高温球状体的时候，会努力地提升自身的温度。因为如果温度不够高，就无法令氢核发生聚变而释放能量。那些出生时体重比较大的火球能轻而易举地实现了成为恒星的目标，然而对于那些体重偏小的火球来说，命运似乎就显得有些不太公平了。

体重小的球体始终不能达到使氢元素发生聚变的条件，最终便未能成为恒星家族的一员。更倒霉的是，由于长相、习惯等太多地方都显得有些格格不入，所以行星家族也将它们拒之门外。于是这些介于恒星与行星质量之间的可怜孩子们便成了没人认领的弃儿。它们就是被称为“失败恒星”的褐矮星。

褐矮星的热核反应异常微弱，以至于人们很难发现它们的存在。它们无法像恒星那样发出大量的光和热能，而只能通过极弱的红外辐射来向外释放能量。大部分的红外辐射在到达太空之前就已经被它自身的外层大气吸收了，因此褐矮星看上去更像是一种不发光的天体。

在很长的一段时间里，人们都没能在实际的观测中捕捉到褐矮星的身影。直到1995年，天文学家才发现了第一颗褐矮星——GI 229B。由于它的亚恒星特征十分明显，因此看上去更像是一颗气态的巨行星。20 世纪初，随着红外望远镜的广泛使用，大量的褐矮星才从宇宙的黑色背景中渐渐地浮现出来。

褐矮星的寿命通常都会很长，因为它们基本上不会消耗自身的物质与能量。某些褐矮星的表面温度能够使距它几百万千米内的行星上存在液态水，这便为生命的孕育提供了一些基础的条件。天文学家们还发现，褐矮星很有可能像恒星一样拥有围绕自己旋转的行星系统。这也就意味着，我们或许能够在褐矮星的周围发现与地球类似的行星存在。

褐矮星

有关褐矮星是如何形成的问题，现在还没有最终的结论。有人认为，它们是由还没有发生氢核聚变的原恒星与其他天体碰撞后所遗留的产物。对于褐矮星的研究，能够帮助我们更好地理解恒星与行星的关系，以及它们各自的形成之谜。因此，这个恒星家族的弃儿，实际上早已成为天文学家眼中的宠儿了。

老年恒星的华丽退场

对于热爱观星的人来说，再没有比天空中突然出现一颗新的明星更让人激动的事情了。

1572 年，丹麦天文学家第谷 · 布拉赫观测到了仙英座附近的一颗新星。他在一本名为《关于新星球》的小册子里将这种突然变亮的星星命名为“新星”。据他的描述，这颗新星比金星更为明亮，甚至在白天也能够看到，但是它在一年多后忽然消失不见了。

那些在夜空中从未出现过的明亮星星，总是会在不久后又悄悄地消失。古代的人们形象地把这种星星称之为“客星”，因为它们就像是到别人家里做客一样，轻轻地来了又匆匆而去。

现代天文学上，通常把这种奇怪的星星称为“新星”。其实这是一个并不确切的说法，因为新星实际上并不是新诞生的恒星，相反，这些所谓的新星，其实是老年恒星死亡时的爆炸现象。

红巨星在爆炸时，将自身的大部分物质全部抛射向四周，瞬间释放的能量能够使它的光度在短短的几天时间内就增加几十万倍乃至千万倍以上。除了变成一团行星状星云外，红巨星在爆炸之后，往往还会留下一个质量很大但体积很小的白矮星。由于引力很强，白矮星的表面会不断吸积空间中的各种悬浮物。这些白矮星原本都十分昏暗，但是当其表面积聚的氢等可燃物质发生剧烈的爆炸时，就会突然间变得异常明亮。这就是我们所看到的新星爆发，它只发生在恒星的表面。

超新星的爆发一般都发生在质量比较大的恒星身上。其亮度比新星高很多，相当于2 亿多个太阳或 1 000 个新星的光度总和。超新星的爆发也不同于新星只在恒星表面的爆发模式，它是恒星深层次的内核大爆发。此外，超新星之所以不同于新星，还和恒星质量的大小有着密切的关系。

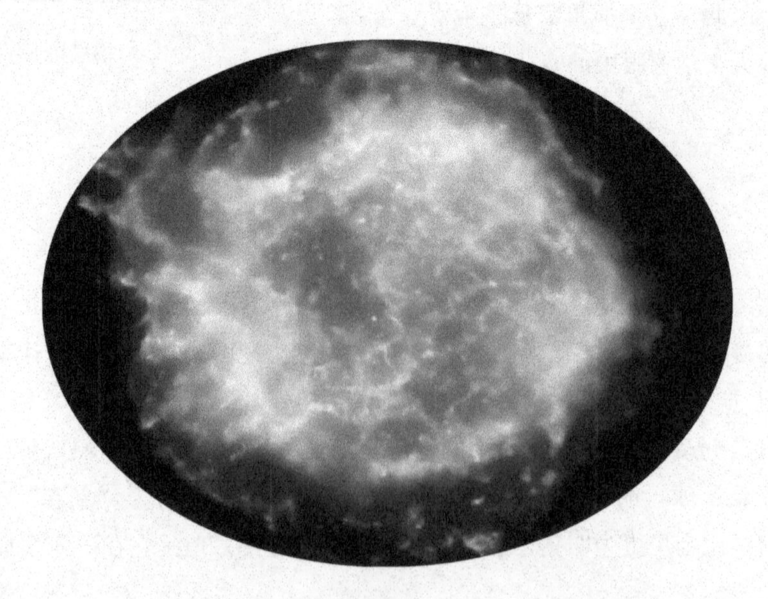

超新星

通常来说，8 倍太阳质量以下的恒星，往往会爆炸成为星云与白矮星，这种程度的爆炸一般是新星爆发。8 倍太阳质量以上的恒星爆发一般都比较剧烈，爆炸后的遗物会坍缩成一个致密的中子星。这一过程往往被称作超新星爆炸。而 20 倍太阳质量以上的恒星则会在爆炸后坍缩成黑洞，50 倍以上的在理论上会直接变成黑洞从而跳过超新星爆发的阶段。

超新星出现的频率是难以估计的，按照瑞士天文学家兹维基的推测，每一个星系都会在至少 300 年的间隔期里发生一次超新星爆炸。历史上，人们曾多次观测到超新星爆炸事件，如中国宋朝周克明等人发现了周伯星；丹麦天文学家第谷发现了仙后座的超新星；德国天文学家开普勒发现了蛇夫座的超新星等。

新星与超新星的爆发是老年恒星的华丽退场，也是天体系统不断演化的必要环节。这种爆发会打破附近星云内部物质的平衡，加速星云中新的恒星的诞生。此外，死亡恒星内部重元素的抛射，也会为新生恒星与行星的诞生创造有利的条件。

超新星与宇宙中的重元素，以及新星和后代恒星的形成都有着极为密切的关系，然而我们现在对于它们的了解还十分有限。这些恒星巨人的灭亡绝唱，并不意味着恒星宇宙的完结，相反，它们正是众多星辰诞生的新起点。

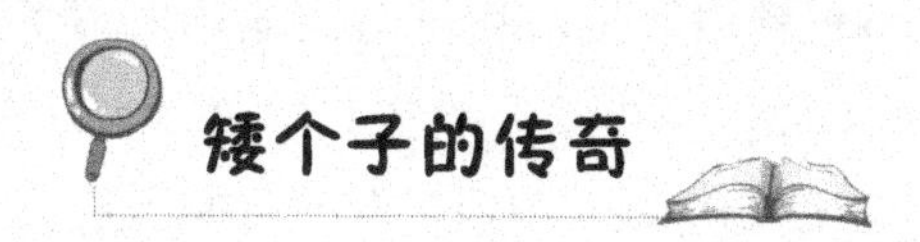

矮个子的传奇

恒星家族是个庞大的家庭，这个家庭中，有很多矮小的恒星，它们的个头一般比地球还小，有的甚至比月球还小；它们的表面温度很高，发白光。所以，人们一般称这一类恒星为“白矮星”。我们在前面已经多次讲到白矮星，下面就来详细地介绍一下它的成长史。

白矮星虽然矮小，却是恒星家族的老年人。恒星在演化后期，会抛射出大量的物质，损失很多体重，如果剩下的核的质量小于 1.44 个太阳质量，这颗恒星便可能演化成为白矮星。白矮星的表面温度非常高，能达到一万摄氏度以上，这是因为恒星在收缩的过程中释放出了巨大的能量。别看白矮星的温度很高，实际上中心的核反应已经停止了，所以白矮星在逐渐变冷，它用尽全部力气来发光，最终将成为不发光的

白矮星

残骸。

白矮星还有一个特点，就是密度大得惊人。一颗和地球一样大的白矮星，体重却比太阳还大。一般的白矮星，体重都是地球的几十万倍乃至几百万倍。天狼星的伴星是人们在1862年发现的第一颗白矮星，它虽然比地球大不了多少，体重却是地球的30万倍。在天狼星的伴星上面，一块像火柴盒那样大小的石头，就重5 000千克。如果地球保持现有的体重，密度变得跟天狼星的伴星一样大，那么地球就会变成一个半径200米左右的小球体。

如果地球真的变成这样的小球体，那么人类还会存在吗？如果地球真的变成这样，那么地球的重力将变成现在重力的18万倍，人休想能够站得起来，因为人的骨骼早就被自己的体重给压碎了。

目前，个小体重大的白矮星，科学家们已经发现了1 000多颗。

恒星的“双胞胎”和“三胞胎”

假如你有一个双胞胎的兄弟，你们从小就生长在不同的地方，突然有一天，你们见面了。

“咦？你是谁?”你问。

“咦？你是谁?”他也这样问。

你一定会糊涂，你以为自己在照镜子。

其实，看到你们在一起的人也会糊涂，因为根本分不清你和他。

人们通常在看到长相相似的双胞胎时，都分不清他们谁是谁。这不仅发生在人类世界当中，在大大小小的恒星家族中，也发生过。恒星家族里也有许多和人类社会中相类似的双胞胎，甚至多胞胎。

在满天的繁星中，有的恒星紧紧地靠在一起。这其实有两种可能：一种可能是，这两颗恒星实际上距离非常远，但是从地球上看过去，它们仿佛是关系亲密的兄弟，事实上这是我们人类的一厢情愿。还有一种可能是，这两颗恒星确实是靠在一起的，而且它们同时出生，彼此之间还存在着引力作用，很难分开，就像“双胞胎”一样。后一种情况，天文学家称其为“双星”。除了双星系统外，还有众多不超过十颗星的多星系统，如三合星、四合星等。

我们如果把望远镜对准十字星座末端的天鹅β星，就可以看到在一颗明亮的黄色星星下面，悬挂着一颗发着幽幽蓝光的小星。这就是一对美丽的双星。双星中的两颗恒星称为子星，其中，较亮的子星为主星，较暗的子星为伴星。

多星系统的成员其实并不像双胞胎兄弟那样是同时诞生的，它们常常处于不同的年龄阶段，更像是一个老中青三代结合的大家族。一个晚年恒星与几个比较年轻的恒星共同生活，是常见的事情。像三合星、四合星这样的恒星“多胞胎”，天文学家称其为聚星。

科学家估计，银河系的恒星中，大约有一半以上是双星或聚星。

能做量天尺的造父变星

在沿海或内河沿岸的许多地方，我们总能看到一些高高耸立的灯塔。一到傍晚，这些灯塔就会发出照射很远的光束，远远望去十分美丽。对于夜晚出航的行船来说，灯塔是重要的航标，它会通过不同颜色或频闪的光束来告诉水手们，哪里有危险，哪里适合航行。

浩瀚的星海中，也有一些恒星担当了灯塔的角色。它们的光亮忽明忽暗，有着规律性的变化，于是人们给它们起了一个简洁而形象的名字——变星。

1596 年，德国天文学家达·法布里休斯在鲸鱼座内发现了一颗亮度有周期性变化的 3 等星。后来，德国天文学家海威留斯将这颗恒星命名为鲸鱼怪星。这是被人们所发现的除新星之外的第一颗变星。

1784 年，人们在仙王座发现了一颗变星，即仙王座的仙王座 δ 星，由于这是这种类型变星中被确认的第一颗，而中国古代又称其为造父一，因此被叫作造父变星。1908—1912 年，美国天文学家勒维特在研究大麦哲伦星云和小麦哲伦星云时，在小麦哲伦星云中发现了 25 颗变星，它们的亮度越大，光变周期越大，非常有规律。于是，科学家经过研究最终发现，造父变星的亮度变化与它们变化的周期之间存在着确定的关系，即光变周期越长，平均光度越大，他们把这叫作周光关系，并得到了周光关系曲线。

宇宙中，在测量不知距离的星团、星系时，只要能观测到其中的造父变星，就可以利用造父变星周光关系将星团、星系的距离确定出来。因此，造父变星也被称为宇宙的“量天尺”。

据观测，造父一最亮时的星等是 3.5，最暗时星等是 4.4，它的光变周期非常准确，为 5 天 8 小时 47 分钟 28 秒。通常，造父变星的光变周期有长有短，但大多都处于 1 ～ 50 天之内，并且以 5 ～ 6 天最多，当然也有长达一两百天的。此外，造父变星都属于巨星、超巨星，一颗 30 天周期的造父变星就要比太阳明亮 4 000 倍，1 天周期的也要比太阳明亮 100 倍，因此很容易利用它们的周光关系来测量其所在的星系的距离。

目前，造父变星通常分为几个子类，表现出截然不同的质量、年龄和演化历史，即经典造父变星、第二型造父变星、异常造父变星和矮造父变星。经典造父变星，也称为第一型造父变星或仙王座 δ 型变星，以几天至数个月的周期非常有规律地脉动，常被用来测量本星系群内和河外星系的距离。著名的北极星就是一颗经典造父变星，光变周期约为 4 天，亮度变化幅度约为 0.1 个星等。

由于造父变星本身亮度巨大，用它来测量遥远天体的距离非常方便。而除了造父变星外，其他测量遥远天体的方法还有利用天琴座 RR 变星以及新星等方法。不过，天琴座亮度远小于造父变星，测量范围比造父变星还小得多，精确性也不如造父变星，因此比较少用。

造父变星

第8章

在天上流浪的孩子

——好动的行星们

神速金刚

如果让太阳系里的大行星们赛跑，速度最快的一定是水星。

在太阳系中，大个子的行星每次比赛，水星肯定获得冠军。

一说到水星，我们不禁产生顾名思义的理解，立刻想问：水星是水做的吗？水星上是不是有很多水？

其实，水星是太阳系中一颗普通的行星，并不是水做的或有很多水。古代中国人把水星称为“辰星”，而在古罗马神话中，水星是商业、旅行和盗窃之神，即“太空中的信使”。

有趣的是，水星这个太空信使的确跑得非常快，让它完成送信的任务一定不负使命。它是太阳系中运动最快的行星，环绕太阳一周只需要 88 天，当然是跑一圈最先到达终点的了。

最早发现水星的是古希腊人，大约在公元前 3000 年的苏美尔时代，古希腊人就发现了水星的神秘踪迹。由于水星总是在急速地运动，好像在和我们玩捉迷藏的游戏。它刚刚出现，又很快隐藏，在落日的光辉里闪耀一下它的光芒，然后又迅速融合在阳光里，过几天又出现在破晓的东方天空，有时是昏星，有时又是晨星。

古人还以为它是两颗不同的星星呢！古埃及人把它们叫作塞特和何露斯，古希腊人把它们当作阿波罗和墨丘利两尊大神来崇奉。后来才知道，其实它们是同一颗行星，只不过在不同的时辰看到而已。

从地球上望去，水星出现在太阳附近，经常被掩盖在太阳的光辉之中，因此即使在有利条件下，人们也只有在夕阳余晖中或黎明时才能见到它的身影。正因为人们很难与水星见面，所以对它的了解一直不多，就连它的自转周期，也是直到 1965 年才确定的。

水星距太阳 5 800 万千米，是太阳系中和太阳最近的行星。水星没有卫星，它的体积在太阳系的行星中列倒数第一，在冥王星未被排除之前排倒数第二。因为水星与太阳非常接近，所以它的地表温度白昼可高达 427℃，而到了晚上又骤降至 －173℃。

水星的公转周期约为 88 天，自转周期约为 59 天。这样一来使得水星的一昼夜长达176天。所以一进入夜晚，水星表面将连续几周处于黑暗中。这也是造成水星表面昼夜温度差巨大的原因之一。

由于水星表面温度太高，它不可能像它的两个近邻金星和地球那样保留一层浓密大气，因此无论是白天还是夜晚，水星的天空都是漆黑的。在水星漆黑的天空中可以看到明亮的金星和地球。

水星上面布满了深浅不一的陨石坑，这表明水星也遭受过陨石接连不断的轰击。但水星也有广阔的平原，它在形成初期可能是液态的，后来逐渐冷却凝固成了一个岩石星球。水星表面还纵横交错地分布着一些非常长的悬崖峭壁，最高的可达三千多米。水星有一个主要由铁和镍构成的核，水星幔和壳的主要成分则是硅酸盐。

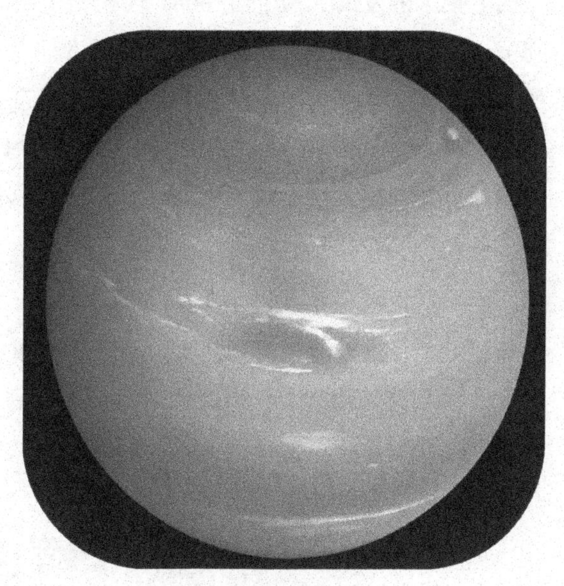

水星

水星上没有液态的水，但1991年在水星北极地区观测到一个亮斑。据推测，这个亮斑可能是由于贮存在水星表面或地下的冰反射了阳光造成的。尽管水星表面温度极高，但在其北极的一些陨坑内终年不见阳光，温度常年低于－161℃。这足以使来自水星内部或宇宙空间的水分以冰的形态在那里保存下来。

太阳系中的坏脾气美女

太空中每天第一个告别曙光，又第一个迎来晚霞的宇宙使者就是金星。

中国古人把它叫“太白”或“太白金星”。它有时是晨星，黎明前出现在东方天空，被称为“启明星”；有时是昏星，黄昏后出现在西方天际，又被称为“长庚星”。

金星是在太阳系中，除太阳和月亮外，天空中最亮的一颗星，犹如一颗耀眼的钻石。于是，古希腊人称它为阿佛洛狄忒——爱与美的女神；而罗马人则称它为维纳斯——美神。

由于金星表面有一层厚厚的云，过去用光学方法难以观测到它的表面情况。随着无线电技术的发展，20 世纪 60 年代初，天文学家接收到金星表面返回的雷达波，得到了金星表面的第一幅图像，并惊奇地发现金星与其他行星相反，自转方向是顺时针的。因此，在金星上看到的太阳是从西方升起来，从东方落下去的。

金星距太阳约 10 800 万千米，它绕日公转一周需 225 天。偶尔，金星也会从太阳表面掠过，这叫金星凌日。金星的自转周期为 243 天，比公转周期还长。也就是说，金星上的一天比一年还长。

金星同地球很相似，也是一个有较密大气层的固体球，金星的大小跟地球差不多，它的半径比地球小 3 000 米，质量是地球的 4/5，平均密度约为地球的 95%，由于这几项数值和地球十分相近，因而在过去的天文文献中，多称金星和地球为孪生姐妹。但这两个孪生姐妹却彼此不大相同。

金星

金星没有磁场和辐射带，其大气的组成和地球迥然不同：地球大气以氮、氧等气体为主，二氧化碳很少；在包围着金星的大气中，97%以上是二氧化碳，此外，还含有少量的氮、氩、一氧化碳、水蒸气及氯化氢等。金星上空闪电频繁，每分钟达20多次，常常出现电光闪闪的景象。苏联制造的“金星12号”用来研究金星大气层、宇宙射线、太阳风离子等，由一台飞掠器与着陆器所组成，1978年9月14日成功发射。它于1978年12月21日在下降到金星表面的过程中，仅仅在从11000米高空下降到5千米的期间，就接连记录到1 000次闪电，有一次特别大的闪电竟持续了15分钟。

更惊人的是，在离金星表面30～88千米的空间，密布着一层有腐蚀性的浓硫酸雾。金星的地表大气压是地球上的90多倍，地表温度高达480多℃，不存在任何液态水。这么令人窒息的环境，被天文学家戏称为“太阳系中的地狱”。

美丽的金星竟然如此脾气败坏，绝对不是地球的孪生姐妹。

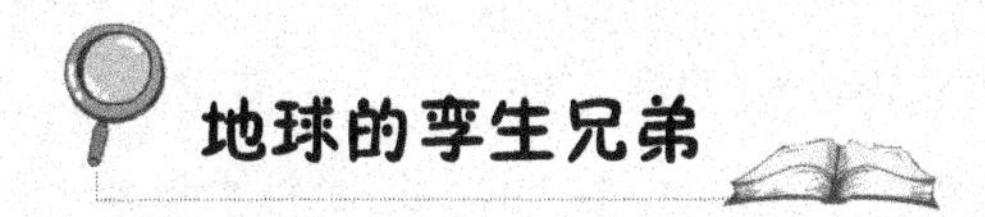

地球的孪生兄弟

在古罗马的神话中，战神马尔斯是战争与毁灭的化身，火星的微红色很自然地让人联想到战争的血与火，于是火星被古人视为战争和战神的象征。

至今，英语中火星仍叫“马尔斯”，天文学中火星的符号是马尔斯的长枪和盾牌两者的组合。

火星按离太阳由近及远的顺序为第四颗行星，肉眼看去是一颗引人注目的火红色的亮星。它缓慢地穿行于众恒星之中，从地球上看火星时而顺行，时而逆行。火星最暗视星等约为1.5等，最亮时比最亮的恒星天狼星还亮，达-2.9等。这是由于地球和火星分别在各自的轨道上运行，它们之间的距离总在不断变化。

火星是地球轨道之外的第一颗行星，也是人们谈得最多的行星之一，尤其是19世纪70年代以后的半个多世纪中。主要的原因大概是它在某些方面与地球有相像之处，就像是地球的孪生兄弟。

火星是小型的地球，好像故意放在我们的眼前，给我们作比较似的，火星和地球相似之点很多：同样的自转形成昼夜，同样的公转形成四季，同样有固定的形态，可根据它来绘制地图，同样有气象的变化，同样有山川随季节而变色，同样的在极地上堆积着冰雪。这一切都足以使这颗近邻的行星成为地球最近缘的亲戚。根据比较推理的方法，更进一步，我们便可断定火星上具有有机体的生命。

其实，火星并不如人们想象的那样美妙，它的表面满目荒凉，基本情况就是干旱。火星表面布满了氧化物，因而呈现出铁锈红色，又被称为“红色的行星”。火星表面的大部分地区都是含有大量的红色氧化物的大沙漠，还有赭色的砾石地和凝固的熔岩流。火星上常常有猛烈的大风，大风扬起沙尘能形成可以覆盖火星全球的特大型沙尘暴。每次沙尘暴可持续数个星期。

一直以来，火星都以它与地球的相似而被认为有存在外星生命的可能而被人类认识。近期的科学研究表明，目前还不能证明火星上存在生命；相反，越来越多的迹象表明火星更像是一个荒芜死寂的世界。

尽管如此，某些证据仍然向我们指出火星上可能曾经存在过生命。例如，对在南极洲找到的一块来自火星的陨石的分析表明，这块石头中存在着一些类似细菌化石的管状结构。从火星表面获得的探测数据证明，火星两极的冰冠和火星大气中含有水分。在远古时期，火星曾经不仅有过液态的水，而且水量特别大。这些水在火星表面汇集成一个个大型湖泊，甚至是海洋。

火星

现在我们在火星表面可以看到的众多纵横交错的河床，可能就是当时经水流冲刷而成的。此外，火星表面的许多水滴型“岛屿”也在向我们暗示这一点。所有这些都使人们对火星是否存在生命保持极大的兴趣。

自从认识到火星和地球的相似性，对于探索外星生命充满热切希望的人们就开始了探索火星的历程。1962 年 11 月，苏联发射了“火星 1 号”探测器，探测器掠过火星表面进行探测活动。但“火星 1 号”在飞离地球 1 亿千米时与地面失去了联系，从此下落不明。作为人类发射的第一个火星探测器，它被普遍认为是人类火星之旅的开端。1976 年 7 月 20 日，来自地球的第一个“使者”——“海盗 1 号”着陆舱在火星表面软着陆。

几十年来，世界上越来越多火星探测器发射升空，我们期待着对火星的了解也会越来越多。

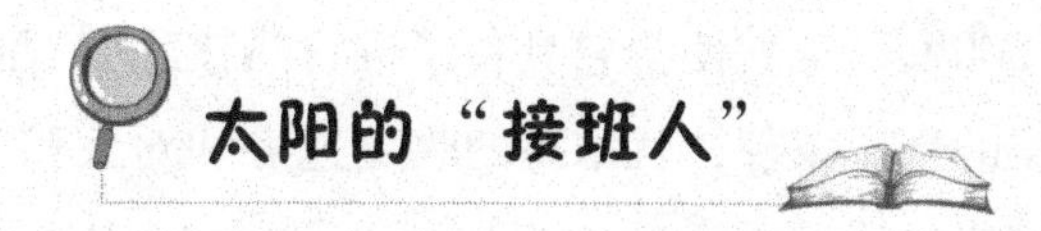

太阳的“接班人”

太阳系里的行星喜欢赛跑、喜欢选美，但你一定没听过那些行星也喜欢比赛谁个儿大。如果要找出它们的冠军，那真是显而易见的，肯定非木星莫属，把它比作一个小型的太阳也不为过。

木星那圆圆的大肚子里能装下 1 300 多个地球，质量是地球的 318 倍。太阳系里所有的行星、卫星、小行星等大大小小天体加在一起，还没有木星的分量重。

天文学上把木星这类巨大的行星称为“巨行星”，西方人把它称为天神“宙斯”。

木星虽然个头大，但距地球较远，所以看上去还不及金星明亮。木星绕太阳公转一周约需 12 年的时间，因此，地球几乎每年都有一次机会位于太阳和木星之间。在这些日子里，太阳落山时，木星正好升起，人们整夜都能见到它。木星轨道外的其他行星也有这一特征。

木星大约 12 年在星空中运行一周，每年经过一个星座。中国古代把木星在星空中的运行路线分为“十二次”，木星每行经“一次”，就是一年，所以木星在中国又有“岁星”之称，用以纪年。据说，这种岁星纪年是十二地支的前身。

木星自转一周为9小时50分，是八大行星中自转最快的。由于木星快速的自转，它有一个复杂多变的天气系统，木星云层的图案每时每刻都在变化。我们在木星表面可以看到大大小小的风暴，其中最著名的风暴是“大红斑”。这是一个朝着顺时针方向旋转的古老风暴，已经在木星大气层中存在了几百年。大红斑有三个地球那么大，其外围的云系每4～6天就运动一周，风暴中央的云系运动速度稍慢且方向不定。由于木星的大气运动剧烈，致使木星上也有与地球上类似的高空闪电。

对于木星来说，最大的新闻就是它有可能成为太阳的“接班人”，这不仅仅因为木星跟太阳的密度很接近。最关键的是，近年来，对木星的考察表明：木星正在向外释放巨大的能量。它所释放的能量是它从太阳获得能量的两倍，这说明木星内部存在热源。

我们知道，太阳之所以不断放射出大量的光和热，是因为太阳内部时刻进行着核聚变反应，在核聚变过程中释放出大量的能量。木星是一个巨大的气态行星，最外层是一层主要由分子氢构成的浓厚大气，本身已具备了无法比拟的天然核燃料。木星的中心温度估计高达30 500℃，这就使得它具备了进行热核反应所需的高温条件。

至于热核反应所需的高压条件，就木星的收缩速度和对太阳放出的能量等特性来看，经过几十亿年的演化之后，木星的中心压可达到最初核反应时所需的压力水平。所以，有些科学家猜测，再经过几十亿年之后，木星将变成第二个太阳，从一颗行星变成一颗名副其实的恒星。

木星

美丽光环的拥有者

罗马神话中，土星的名称来自于农业之神萨图尔努斯。

土星就像个大乌龟，跟其他行星比起来，它的运动迟缓，不紧不慢，真有老寿星的姿态。

于是，人们便把它看作是掌握时间和命运的象征。

无论东方还是西方，都把土星与人类密切相关的农业联系在一起，在天文学中表示的符号，像是一把主宰着农业的大镰刀。

如果你有一架小型天文望远镜，并且喜欢用它来观看天上的星星，你一定会发现土星的形状非常奇特。从地球上看过去，土星就像一顶熠熠生辉的美丽草帽，在不同的月份或者年份中，这顶“草帽”的形状还会发生变化，让人叹为观止。这顶美丽草帽，帽子就是土星本体，而“帽檐”就是土星本体周围的土星光环，又称土星环。

土星环的发现历程非常漫长：

1610 年，意大利天文学家伽利略观测到在土星的球状本体旁有奇怪的附属物。实际上他所观测到的就是土星两侧的光环部分，但当时伽利略完全没有意识到这一点。鉴于已发现了木星的 4 颗大卫星，于是伽利略便猜测这也许是土星的两个卫星。不过，由于情况不如木星卫星那样清晰，而且过一段时间这两个附属物又看不到了，于是伽利略没有马上宣布他的这一发现。

1659 年，荷兰学者惠更斯证认出这是离开本体的光环。但此后 200 年间，土星环通常被看作是一个或几个扁平的固体物质盘。直到 1856 年，英国物理学家麦克斯韦从理论上证明了这种环状结构只能是由绕土星旋转的无数“迷你卫星”组成的，不可能是整块的物质盘。40 年后，天文观测证实了麦克斯韦的观点，最终阐明了土星光环的本质。

现在，我们知道土星光环不是一个整体，它包含 7 个小环，环外沿直径约为 274 000 千米。光环主要由一些冰、尘埃和石块混合在一起的碎块构成。这些碎块可能是一颗远古时代的土星卫星在土星系潮汐引力的作用下瓦解后剩下的残片。

此外，土星还是太阳系中卫星数目最多的一颗行星，周围有许多大大小小的卫星紧紧围绕着它旋转，就像一个卫星家族。在土星的卫星中，最能引起科学家兴趣的是土卫六。它是土星卫星中最大的一个，也是已知整个太阳系中唯一一颗拥有浓密大气层的卫星。它于1655年被荷兰天文学家惠更斯发现。长期以来，土卫六一直被认为是卫星中体积最大的，过去认为它的表面温度也不很低，因而人们推测在它上面可能存在生命。

不过，美国发射的“旅行者”1号探测器发回的数据却令人失望，它发现土卫六的直径只有5 150千米，并不是太阳系中最大的卫星（木卫三的直径最大为5 262千米），它有一层稠密的大气层和一个液态的表面，其大气层至少有400千米厚，甲烷的成分不到1%，大气的主要成分是氮，占98%，还有少量的乙烷、乙烯及乙炔等气体。土卫六的表面温度在-181～-208℃之间，液态表面下有一个冰幔和一个岩石核心。飞船在土卫六上转了又转，未发现任何存在生命的痕迹，真是可惜。

土星

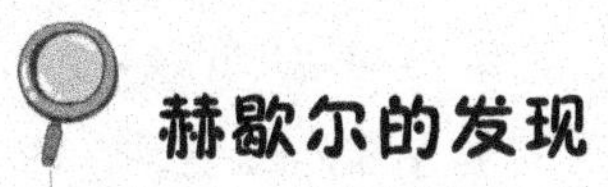

赫歇尔的发现

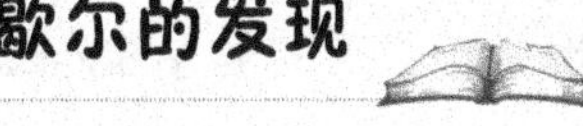

1781年3月13日深夜，天空繁星点点，是个观察星空的好时机。于是，英国天文学家赫歇尔将自制的望远镜架在楼顶平台上，指向他观察已久的双子星座。他是那么地投入，他的心完全沉浸在天空中星星的海洋里。

突然，镜头里出现了一个略显暗绿色的光点，那可是他从未见过的一颗新星。在他确定自己没有看错后，他又换上倍数更大的望远镜进行观察，结果发现这个圆面又大了不少。更换目镜镜面是判断恒星还是行星或彗星的一种观测方法。在更换目镜镜面后，星体如果变大，则该星体属于行星或彗星；星体如果不变，则该星体属于恒星。赫歇尔几次更换目境境面后，发现星体变大，这说明他所观测到的那颗星星是属于行星或彗星。但传统的观念与偏见，使赫歇尔不敢相信这是太阳系的新成员——行星，于是，他便似是而非地把它当成一颗遥远的彗星。换更大倍数的望远镜后，如果观察到星体增大，则是行星或彗星；如果星体不变，则是恒星。

第二天深夜，赫歇尔又把望远镜对准了这个目标，这个圆面的位置已经稍稍改变了一些。

经过数日的观测，赫歇尔毫不犹豫地判定：这是一颗彗星。

但是，通过270倍的望远镜头进一步观察发现，这颗彗星周围没有雾状云以及彗星尾，而天文学常识告诉我们，一般的彗星多数都有彗星尾，即使没有彗星尾，周围也要有雾状云。

“这恐怕不是一颗普通的彗星！”赫歇尔又重新做出一个判断。

为了慎重起见，1781年4月26日，他还是先把它当作彗星，写了一份《一颗彗星的报告》呈交给英国皇家学院。他在报告中指出，这颗闯入镜头的“新客”是一颗没有尾巴的彗星。

赫歇尔发现新彗星的消息传开后，许多天文学家的望远镜都瞄准了这颗新星对其进行追踪观测，最后，天文学界达成共识：这不是彗星，而是一颗行星。

于是，赫歇尔的发现，使太阳系增加了一位新成员，它后来被命名为天王星。

天王星是太阳系八大行星之一，看上去是一颗蓝绿色的星球，它在太阳系排行第七，距太阳约 29 亿千米。它的体积很大，是地球的 65 倍，仅次于木星和土星；它的直径为 5 万多千米，是地球的 4 倍，质量约为地球的 14. 5 倍。

赫歇尔的这个重大发现引起了天文学界强烈的轰动。因为长期以来，人们公认土星是太阳系的边缘，而现在却要打破这一边界，让这个新发现的行星来代替土星，确实很难让人接受。

因而人们对它的名字曾花费了大量心思：赫歇尔建议把这颗行星命名为乔治星；波德提出把它称为乌拉诺斯，就是“天王星”。波德的想法是，因为神话中天王是土星的父亲，这样一来，木星、土星和天王星，儿子、父亲、祖父三代并列于太阳系中，多么有意思。

不过这种提法一直没有被采纳，直到 1850 年才开始被广泛使用。但是，一些科学家为了纪念它的发现者，仍然叫这颗行星为赫歇尔。“天王星” 和 “赫歇尔” 这两个名字在很长一段时间内都被人们一起使用。

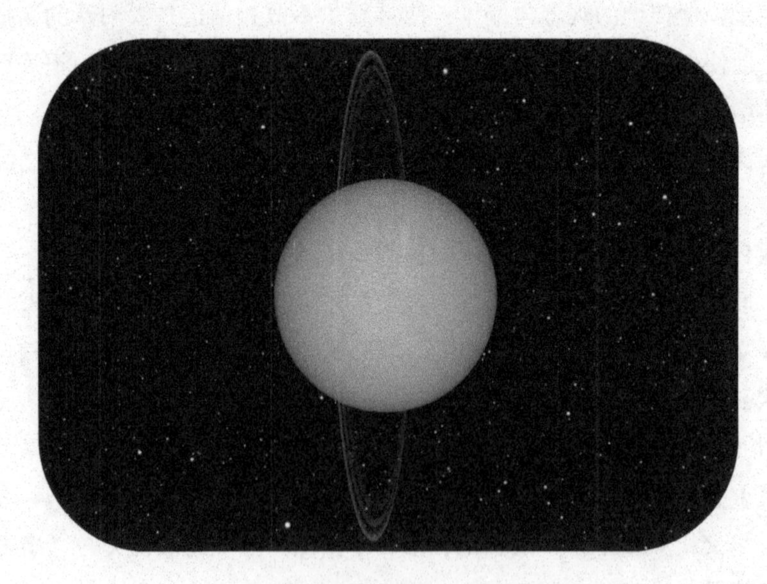

天王星

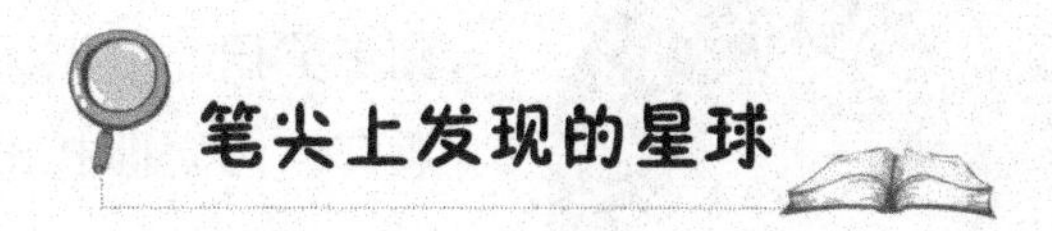

笔尖上发现的星球

天王星被发现以后，为了确定天王星轨道，天文学家对其位置作了数年的观测，以确定其瞬时位置和运动速度。

牛顿的万有引力定律，准确地描述了行星沿特定的运行轨道绕太阳公转。因此，用它就可以预报行星和彗星的位置。然而，天王星的运动却出乎意料。

天王星的这一反常行为，给天文学界带来了许多疑问。于是他们开始怀疑万有引力是不是有问题，或者在天王星之外，是否还存在一颗未知名的行星。而验证它们所怀疑的第二个问题的唯一办法，就是运用天体力学将造成天王星摄动的新行星算出来。

在此之前，英国剑桥大学数学系的学生亚当斯，在得知天王星的轨道之谜后，就开始研究天王星的运行问题。他综合当时天文学家对天王星的轨道计算的一些情况，认为一定还有一颗未发现的行星存在，是这颗行星的引力影响了天王星的轨道，而不是万有引力定律或观测资料有错。

亚当斯借来天文台的全部观测资料，利用课余时间进行了大量计算。

经过两年的努力，亚当斯终于在1843年10月21日完成了计算。他把结果送给了皇家天文台台长艾利，希望他能帮助确认这颗新的行星。

但令人遗憾的是，艾利对这位年轻大学生的研究成果不屑一顾，顺手把这份资料塞进了抽屉。然而，就在亚当斯计算新行星轨道的同时，法国天文学家勒维烈也在进行同样的工作。

1846年8月31日，勒维烈发表了他的研究成果，并写出了《论使天王星运行失常的行星，它的质量、轨道和现在位置的决定》。

艾利听到这个消息后，突然想起了亚当斯的计算。于是，急忙找出来一对照，让他大吃一惊的是，其结论与亚当斯基本相同。

1846年9月23日，柏林天文台的天文学家卡勒，接到了勒维烈的一封来信和论文，当天晚上就将望远镜对准了勒维烈所说的天区，他仔细地记下了他所观察到的每一颗星，然后将新纪录的诸星与不久前刚得到的一张详细的星图进行比较，发现在勒维烈所说的位置附近有一颗新的行星。

海王星

柏林天文台发现新行星的消息传到了英国，皇家天文台台长艾利深感震惊，他立即找出了勒维烈的论文摘要，这下又让他大吃一惊，亚当斯早就给出了同样准确的预言。他连忙发表了这份一年前就交给他的论文摘要，好让这件事在科学界真相大白。

于是，卡勒与法国的勒维烈和英国的亚当斯一道，被世人公认为这颗新行星的发现者。

当时，在这颗行星的发现权问题上，英法两国还发生过争吵。同时，在给新的行星命名问题上也存有分歧。发现之一的勒维烈主张沿袭神话神名命名行星的做法，用海洋之神耐普顿命名，这一不带民族主义特色的主张马上得到了广泛的认同。于是，就有了现在我们所熟知的“海王星”这个名字。

被开除的“大行星”

海王星被发现以后，天文学家们又觉察到，当把海王星对天王星的引力影响考虑在内，天王星的计算位置和实测结果仍有微小的偏离，海王星的运动也不很正常。

19 世纪末，许多人猜测在海王星外可能还有大行星。1905 年，美国天文学家洛威尔预测、推算出了这颗大行星的位置，并用照相方法搜寻。但由于这颗星太暗了（亮度为 15 等），多年寻找均未能成功。

1929 年，人们制成了一架专门为这个课题而设计的广角天体照相仪，并在沿黄道带天区巡视。年轻的观测员汤博经过一年的辛勤劳动，检视底片上几十万个星象，终于在 1930 年 2 月发现了这颗不易认出的行星，取名为冥王星。

此星之所以命名为冥王星，是因为它是一颗死寂的行星。冥王星在远离太阳59亿千米的寒冷阴暗的太空中缓缓而行，绕太阳运行一周历时248年之久。从冥王星上看太阳只是一颗明亮的星星，这情形和罗马神话中住在阴森森的地下宫殿里的冥王普鲁托非常相似，因此，人们称其为普鲁托，普鲁托是古罗马人的冥界之王，中国人称为冥王星。

冥王星是唯一一颗还没有太空飞行器访问过的行星。甚至连哈勃太空望远镜也只能观察到它表面上的大致容貌。从发现它到现在，人们只看到它在轨道上走了三分之一圈，因此过去对其知之甚少。经过几十年的时间，随着天文观测技术的进步和有关冥王星参数的增多，一方面它作为行星的理由在不断补充，另一方面否定它行星资格的疑问也接踵而来，致使天文学家对冥王星在太阳系中究竟是九大行星之一，还是小行星的地位争论不休。认为冥王星符合行星基本特征的理由是：它是围绕太阳旋转的圆球形天体，它拥有一颗天然卫星，还有大气层，具备了作为行星的基本条件。

20世纪90年代，天文学家们借助航天观测技术对其有了进一步了解，特别是1994年哈勃太空望远镜拍摄了十几幅冥王星的照片，这些照片几乎覆盖了冥王星表面。经过研究，部分天文学家认为，由于冥王星与其他八大行星相比明显不同，最初发现冥王星的时候，天文学家错估了冥王星的质量，以为冥王星比地球还大，所以命名为大行星。

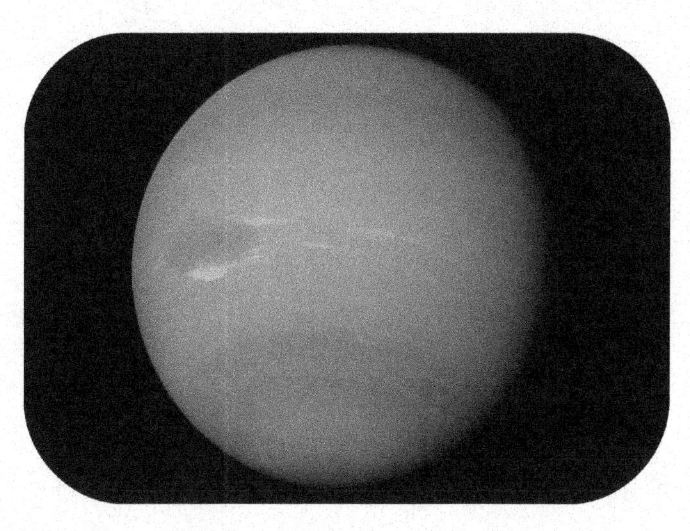

冥王星

然而，经过进一步观测发现，冥王星的直径只有 2 300 千米，比月球还要小，此外还发现冥王星的轨道特殊、自转异常，等等。所有这些都说明冥王星不应该是太阳系中的第九颗行星，而应归类于小行星。

2006 年 8 月 24 日，国际天文学联合会大会投票部分通过新的行星定义，不再将传统九大行星之一的冥王星视为行星，而将其列入“矮行星”，冥王星从此被开除出“大行星”的行列。

第9章

神秘的天外来客

——小行星、彗星和流星

空中漂泊的童子军

在星空当中，存在了许多恒星和星云，这些我们肉眼可及。而在太阳系，我们都知道有几颗大的行星在围绕太阳不停地转圈，我们也可以通过肉眼在天空中发现他们的存在。可是，还有一些漂泊在太阳系的行星童子军团，它们也在马不停蹄地围着太阳乱转，尽管我们看不见，但它们真实存在，它们就是不喜欢闪烁的小行星。

1801 年 1 月 1 日夜晚，在意大利西西里岛上的巴勒莫天文台里，台长皮亚齐并没有因为是元旦佳节而放弃大好的晴天，停止观测。

他一如既往地工作在自己的望远镜旁，观测、寻找、记录……

突然，他在金牛星座的空间里，发现了一颗“行动”有点特殊的天体。

皮亚齐一开始认为这大概是一颗彗星，可是，它为什么不像一般彗星那样，有一个云雾状的头部和拉长了的尾巴呢？消息很快传播开来，传到了每个关心并寻找新行星的天文学家的耳朵里，大家抓紧时间观测，迫不及待地想弄个水落石出。

谷神星

没过多久，新天体与太阳间的确切距离被算了出来，是2.77天文单位，当时的科学家们测得这颗星体的直径是700多千米（目前，它的直径被定为1000千米），只比我们地球的卫星——月球直径的20%略大一些。这么小的一个天体无论如何是不可能获得“大行星”的称号的，可是，它终究还是像大行星那样绕着太阳转，这是无法否定的。

结果是它获得了“小行星”的名称，成为太阳系里一种前所未知的、十足的“新品种”天体。它被称为谷神星。

1802年3月，德国天文爱好者奥伯斯发现了第二颗小行星——智神星，接着又连续发现了婚神星和灶神星。19世纪末开始用照相方法寻找小行星之前，全世界已发现322颗小行星。

此后小行星的新发现逐年增多，特别是近年来由于技术的大改进，每年发现的小行星数竟达二三百颗。到1994年底被正式编号命名的小行星已达5 300多颗。天文学家推测，太阳系内的小行星大约有50万颗。

小行星在天文学研究中具有重要作用：太阳系是在46亿年前由一团混沌星云凝聚而成的，而当初星云形成太阳系的具体过程已无法从地球或其他行星上找到痕迹了，只有小行星和彗星还保留着许多太阳系形成初期的状态，因此它们被天文学家称为太阳系早期的“活化石”。

通过空间遥感技术，如今发现地球上有100多个陨石坑，其中有91处被推测是小行星撞击造成的。据科学家考证，1976年中国吉林陨石雨的母体就是接近火星轨道的阿波罗型小行星的一个碎块。

虽然小行星撞击地球造成的危害很大，但是这种概率是微乎其微的。研究表明，直径10千米大小的小行星平均1亿年左右才会与地球相撞一次，地球每百万年受到三次较小的小行星的撞击，但其中只有一次发生在陆地上。

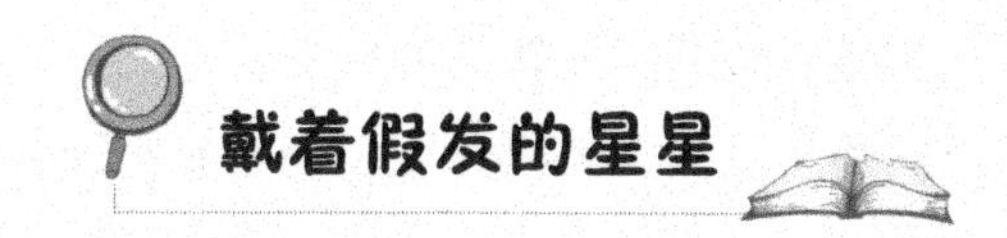

戴着假发的星星

告诉你一个秘密，天上有一种星星，喜欢戴着假发，古希腊人把这种星星形象地称为“发星”，这是因为这些星星在进入我们视线的时候，都拖着长长的云雾状尾巴。

这些戴着假发的星星，学名叫作“彗星”，是太阳系中小天体的一类。它们也像行星一样绕着太阳旋转，只不过轨道的长度要比一般的行星长得多。在距离太阳比较远的时候，彗星就像是一个冒着森森寒气的冰块。在这个冰块中冷冻着各种破碎的物质与尘埃。

大多数情况下，彗星都在远离太阳的轨道上运行，所以我们是看不到它们的。但是彗星都是非常优秀的演员，每当它们接近太阳时，就会戴上华丽的假发，以光彩夺目的形象出现在我们的面前。而一旦离开了太阳这个炽热的“聚光灯”，它们就会悄悄地摘掉头上的假发，隐遁在黑暗的深空里。

这是因为当彗星运行到太阳附近的时候，高温的烘烤，使彗星的固体物质发生气化蒸发与膨胀喷发，于是就形成了美丽的彗尾。我们平时所见到的彗星的那一头“长发”，事实上就是彗尾。

其实，能够通过肉眼观察到的明亮彗星每两三年就会出现一颗。如果你仔细观察，就会发现，除了拥有美丽的长尾巴，彗星还总有一个最为明亮的光点，这就是彗星的彗核。而笼罩在彗核外的雾气被称作彗发。彗发是由气体和尘埃组成的雾状气团，密度往往不及地球大气的十亿分之一。但是彗发常常能够辐射出几十万千米的范围，使彗星的体积总是处在一种上下浮动的状态之中。

彗星的运行轨道还会受到大质量行星的影响，一些太阳系内的周期彗星，很有可能会在行星的“排挤”下，因为轨道变形而被踢出太阳系。而那些因行星的引力牵引而逐渐减速的非周期彗星，也可能成功地被太阳系所“俘获”，从而变身为一颗周期彗星。

由于并不了解一些彗星是周期性运动的天体，所以人们最初总是把同一颗彗星的几次周期性出现当成了不同的几颗彗星。例如，著名的哈雷彗星，它曾分别于 1531 年、1607 年和 1682 年回归过地球，哈雷认为这应该是同一颗彗星的几次回归，于是才大胆地预测它将会在 1758 年前后再次归来。

我们比较熟悉的彗星都是有着椭圆形轨道的周期彗星。这一类彗星的周期有长有短，回归周期在 200 年以内的彗星，又被称为短周期彗星；而回归周期超过 200 年以上的则被称为长周期彗星。

然而并不是所有能被我们观测到的彗星，都有着椭圆的轨道和周期性回归习惯

彗星

的，也有许多彗星的轨道呈现出一种奇特的抛物线或双曲线形状。这些形状怪异的彗星都是太阳系外的来客，它们也许只是无意间从我们的上空一闪而过，之后便永远地消失在漆黑的宇宙深处。这些彗星都是一些一生只“乔装演出”一次的非周期性彗星。

哈雷的意外收获

谁会在旅行时发现新的星星呢？如果换做是你，一定会被各地的美食和美景迷惑，肯定不会注意天上的星星发生了什么变化。但有个人，无论是在家还是旅行，心思都会放在观察天空上，他就是英国伟大的天文学家哈雷。

1680 年，哈雷正在法国度假。一天夜晚，他突然发现了有史以来最亮的一颗大彗星。他想，这是什么彗星呢？为什么会这么亮？

两年后，他又看到了另一颗大彗星。这两颗大彗星在他心中留下了极为深刻的印象，并激发了他探索彗星奥秘的强烈热情。

1695年，哈雷开始专心致志地研究彗星。他从1337—1698年的彗星记录中挑选了24颗彗星，用一年时间计算了它们的轨道。1704年，哈雷在计算彗星运行轨迹中，发现了三颗奇特的彗星，对此感到十分不解：

为什么1531年、1607年和1682年出现的这三颗彗星轨道那么相似？难道是木星或土星的引力造成的？

“天啊，会不会是同一颗彗星呢？”

哈雷惊叫出来，这个念头在他的心里迅速闪过，让他着实吃惊不已。但他不敢轻易立即下此结论，而是不厌其烦地向前搜索：

“嘿，这真是一颗非常奇特的彗星，竟然从1456年、1378年、1301年、1245年，一直到1066年，历史上都有它的记录。”

想到这，哈雷大胆地预测，这颗奇特的彗星还会出现。1705年，哈雷发表了《彗星天文学论说》，宣布1682年曾引起世人极大恐慌的大彗星将于1758年再次出现于天空（后来他估计到木星可能影响到它的运动时，把回归的日期推迟到1759年）。当时哈雷已年过50，知道有生之年不能再见到这颗大彗星了，便在书中充满自信地写上了这样一段话：

“如果彗星最终根据我们的预言，大约在1758年再现的时候，公正的后代将不会忘记这首先是由一个英国人发现的……”

1758年初，法国天文学家梅西叶就动手观测了，他希望自己能成为第一个证实彗星回归的人。1759年1月21日，他终于找到了这颗彗星，这令他欣喜不已。但又令他意想不到的是，在1758年圣诞之夜，德国德雷斯登附近的一位农民天文爱好者已捷足先登，发现了回归的彗星。

1759年3月14日，这颗回归的彗星过近日点，正是哈雷预告的一个月前。此时，哈雷已长眠地下十几年了。可是，人们没有忘记他的杰出贡献，于是，就把这颗彗星命名为“哈雷彗星”。

星星掉下来了

在晴朗的夜晚，当我们仰望星空时，偶尔会发现天空中划过一道弧形的光带，一颗星星“嗖”的一下，消失在远方地平线以下。

“啊，不好，星星掉下来了。”孩子们大喊。

“是流星，是流星!”

星星真的掉下来了吗?究竟是怎么回事?

要回答这个问题，我们得先来弄明白什么是流星。

在太阳系的行星际空间中，存在着许多尘埃颗粒和固体块，这些物体被称为流星体。质量越小的流星体数量越多。正常情况下，流星体会沿一定轨道绕太阳运转，并不会发光。当它们经过地球附近的时候，在地球引力的作用下，流星体会向地球靠近。如果流星体进入地球周围的大气层，就会与大气层产生剧烈摩擦，在高温的作用下，流星体会燃烧成气体，变成气体的流星体与周围空气的分子、原子相撞，就会发光。这就是我们看到的流星现象。

质量较大的流星体与空气碰撞更为剧烈，在燃烧坠落时形成一个明亮的火球，后面拖着一条长长的光带，像一条从天而降的火龙，这就是火流星。火流星一般比金星亮，有的则亮得像满月，甚至白天都能见到。

如果流星体原来的“母体”很大，就可能燃烧不完，剩余的固体部分落到地面，这便是陨星，又叫陨石。陨石在陨落过程中爆裂会形成陨石雨。1976 年 3 月 8 日，在中国的吉林省吉林市降了一场陨石雨，在一百多块陨石当中，最大的一块重 1 770 千克，是迄今所见最大的陨石。

世界最著名的陨石坑在美国亚利桑那州，直径约 1 240 米，深约 170 米，坑周围的环形边缘比附近平地高出 40 米左右。在坑旁边已搜集到 25 吨陨铁，有人估计地下还埋着上百万吨。这个陨石坑形成于两万年前。

发生流星现象，除了可能会产生陨石外，还可能形成微陨星和陨冰。

微陨星中，有的是行星际空间漂浮的微流星体，在地球的引力作用下进入地球大气层；有的是陨星穿过大气层时从陨星表面吹落下来的熔融物质，或陨星在爆裂过程

流星

中产生的碎屑。陨冰则是一种非常罕见的来自行星际空间的冰块。

你看，就是从天上掉下来的一小块陨石都能给人类带来这么多影响，要是有一个像高楼大厦那么大的陨石掉下来，地球岂不是要破一个大洞了！

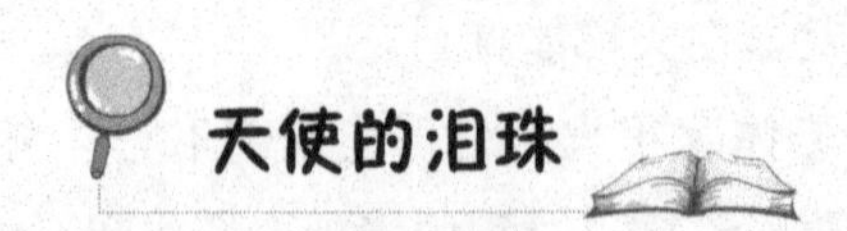

天使的泪珠

在很久很久以前，一位不谙世事的美丽天使，化装成凡人的模样，悄悄地从天堂潜入了人间。

她四处游玩，对人世间的一切都充满了好奇。一天，天使在一个小镇中遇到了一位英俊的青年，青年发现了天使的秘密，并被她的天真可爱深深吸引，于是他们很快就相爱了。

但是，天使和上帝曾有过约定，永远也不能与人类相爱。在一个星光黯淡的夜晚，天使趁着爱人熟睡，恋恋不舍地离开了人间。

后来，那位青年因为失去爱人而过度悲伤，不久便身染重病。善良的天使伤心欲绝，在每一个寂静的夜晚悄悄地流泪。

她的每一颗泪滴都化成了美丽的小星星划落人间，而看到这些小星星的人们都会得到天使的祝福。病中的青年也看到了那频频划过天际的小星星，他知道，那是天使的泪珠。不久，青年的病痊愈了，但美丽的天使却化作了一阵绚烂的星星雨，永远地消失在了苍茫的夜色之中。

也有人说，美丽的天使并没有离我们而去，而是化作了一阵微风在人们的梦中搜集愿望。她会努力地帮助每一个人实现愿望，而自己也会在这种伟大的行动中获得永恒的灵魂。如今，人们也会在小星星流落人间的时候悄悄地许下愿望，并为那位传说中的天使默默祈祷。

每当万籁俱寂的时候，只要凝神于某片澄净的夜空，我们总能幸运地看到几颗一闪而逝的星星。你是不是也喜欢在这些美丽的瞬间将双手合十，虔诚地许下一个心愿呢？

在许多人看来，每一颗星星的飞逝，都代表着一个善良的灵魂离开了人间。诗人与哲学家则在小星星划落的瞬间，思考着人生的意义。

但在天文学家的眼中，这些转瞬即逝的“小精灵”，既不是什么灵魂，也与人生无关，它们只不过是宇宙中的一粒粒微尘。

天使的眼泪的传说虽然很美，但如果我们能够近距离地跟踪划落的细小流星的话，就会发现天文学家说得一点没错。它们大部分都不过是重量在 1 克左右的微小沙石，实在配不上星星的名号，我们永远无法看到它的星体，而只能在璀璨的夜空中捕捉它的光芒。

不可思议的晴空坠冰

试想一下，在一个风和日丽、万里无云的日子，悠闲地行走在郊外该是多么快乐的事。但假如这时突然从天上掉下一些大冰块，把地面砸得像麻土豆，不管是谁遭遇到这事，都会大吃一惊，甚至吓得往家跑。

某一年，一月的一天，在西班牙南部塞维利亚省的托西那市，一辆轿车停在了路边，车主摇下车窗，见到了一位朋友。朋友朝他招了招手，车主便打开车门向朋友走去。正在这时，只听见身后传来“啪”的一声巨响，车主回头看去，不由得目瞪口呆——车主的轿车车顶已经被什么东西砸得稀烂！

这位车主本以为自己遭遇了坏人的袭击，但是之后的调查结果更让他后怕不已。他的车居然是被一块重 4 千克左右的大冰块砸坏的，而且很明显，这场事故并非人为。也就是说，砸坏他爱车的罪魁祸首是从天而降的。

假如当时不是他的朋友把他叫了出来，那么，他将会成为世界上第一位坠冰的“牺牲品”。

21 世纪初的西班牙曾经连续发生过多次“空中降冰”事件，其中的两次出现时间相隔只有七八天。西班牙国家气象局的专家已经否定了“冰雹”的可能性。

中国也曾经出现过类似的现象。1995 年，一块较大的坠冰碎成三块并落在了浙江省余杭东塘镇的水田中，这些碎冰原重估计约为 900 克。当时，发现者对它进行了妥善的保护，并及时送到了紫金山天文台。中国的无锡地区也曾受过这种空中坠冰的“青睐”，在 1982—1993 年短短 11 年间，无锡竟然连续发生了 3 次坠冰事件。

经过多年的研究探索，科学家们已经初步认定这些晴空坠冰，其中至少有一部分来自太空，就像为人熟知的陨石一样，所以，这些坠冰也可以被称作“陨冰”。

陨冰的成因和陨石类似，它最初的母体可能是太空中硕大无比的巨大冰山，原本在太空中绕着太阳而转动，但是某一天却脱离了正常的轨道，受到地球引力的吸引，被迫改变轨道落到了地球上。

陨冰比不上陨石那样有耐力经受得起地球大气层的高温考验，它们一旦落下，很快就会融化，如果不能被及时发现和保存，很快就会化成污水而无从辨别。因此，截至 20 世纪末，被正式确凿证明的陨冰数量还不到两位数。最早确认的陨冰是 1955 年落于美国的“卡什顿陨冰”；第二块陨冰于 1963 年降于莫斯科地区某集体农庄，重达 5 千克。

还有人认为，这些陨冰可能来自彗星的彗核，并且包含有彗星以及太阳系形成之前的有关信息。不论这种推测是否正确，都说明这些常常令人惊讶不已的陨冰的确是不可怠慢的“贵宾”。

宇宙的活化石

在美国与欧洲的一些小镇上，每年都会有来自世界各地的商人，携带着大量的珍贵宝石、矿物以及陨石前来参加一种特殊的展销会。你会在那里看到各种各样的奇珍异宝，其中最吸引人的莫过于那些形态各异的黑色陨石。

也有人喜欢把这种一年一度的集会叫作陨石展览，但你可别把这当作是临时的陨石博物馆，因为汇集在这里的陨石并不是供人们欣赏的，而是用来进行交易的。你也许会问，那些黑乎乎的石头也有人买？它们能值多少钱啊？

千万不要小瞧了这些黑乎乎的石头，它们可个个都是身价不菲的奢侈品，在一些不定期的拍卖会上，经常能够拍出天价呢。就连那些品质最为一般的陨石，在市场上的零售价格都在一克 500 美元左右。一些比较珍贵的陨石更是以 2 500 美元/克的高价被人们所追捧。这可比等量的黄金要贵重得多。

为什么看上去十分“丑陋”的陨石，能够比黄金甚至许多传世的艺术品还要昂贵呢？这其实并不难理解。目前全世界已知的陨石数量大约只有四五万块，加起来也不过是数百吨，这可比黄金的储量要少得多了。对于那些热衷于收集陨石的人来说，每一块从天而降的陨石都同样珍贵。而更为重要的原因是，陨石具有极高的科研价值。

在科学家们看来，陨石都是宇宙的“活化石”，它们虽然没有生命，但是科学家却能够在对它们的研究过程中隐约地窥见许多天体的前世今生。

大部分陨石中都含有微量的放射性元素，科学家正是通过对放射性元素及其蜕变物的相对含量来测定陨石的年龄的。而得知了陨石的年龄，就能够对陨石母体形成后的情况进行大致地推测。例如，一些陨石中的颗粒状结构，是太阳系形成初期时留下来的痕迹，通过对这些物质及结构的研究，对于正确认识太阳系的诞生与演化有着十分重要的作用。

一颗陨石所蕴含的信息量可能十分巨大，尤其是那些比较罕见的陨石类型，比如火星陨石。火星是太阳系中最有可能存在生命的星球，但是由于人们还无法直接从火星上获得岩石样品，来自火星的陨石便成了研究火星的唯一实物。全世界目前只发现了不足 30 块的火星陨石，这也足以看出它的稀有与珍贵。

陨石

今天，各个国家都在积极地搜集地球上的陨石样本。在寒冷的南极地区，许多科学考察队的一项重要任务就是收集陨石。

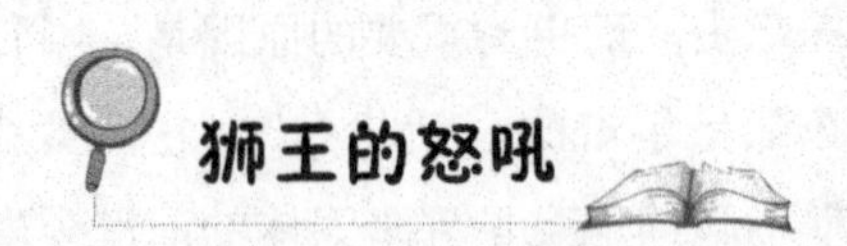

狮王的怒吼

1833 年 11 月 13 日深夜，一场有史以来最壮观的流星雨发作了。当时美国波士顿的很多市民目睹了这一景观。

“嘿，伙计们快来看啊！不得了啦！”一位普通市民慌慌张张地从外面跑来，叫醒了还在熟睡的同伴们。大家虽然都在抱怨这个一大早就胡乱聒噪的家伙，但还是禁不住在他的指引下将目光投向了黎明前的天空。

在看到眼前的景象之后，所有人都紧张地屏住了呼吸，“天啊，这简直不可思议！”

只见整个天空都布满了流星划落的光芒，天空中的流星像暴雨一样倾泻而至，四面八方都没有空隙。有的流星比金星还要亮，有的流星看上去比天上的月亮还要大。

这一令人极其震撼和惊骇的景象持续了4个小时左右，至少有24万颗流星曾在这段时间内一闪而逝。

第二天，当黑夜来临的时候，人们怀着好奇的心情跑出屋去看天，许多人以为昨夜天上的星星已经掉光了。不过还好，天上依旧繁星灿烂，他们这才长长舒了一口气。

这就是发生在1833年的狮子座流星雨。人们在惊叹之余，还发现了一个以前没有注意的现象，所有的流星都是从同一片区域中辐射出来的。因为这片区域恰好是狮子座，人们就把这种流星雨叫做流星雨界的"狮王"。正如狮子被称为百兽之王，狮子座流星雨就是流星雨世界里的老大。

狮子座流星雨的世界最早记录，是902年中国记录的。狮子座流星雨落的时候，场面非常壮观，也给人们带来了很多恐慌。例如，1533年10月24日—11月18日，中国很多地方都看到了狮子座流星雨。每小时有几百颗流星从天而降，这些流星发着"唧唧"的声音，将整个天空都照成了红色。当年10月29日那天，大白天也下起了流星雨，渡口上的船夫都吓坏了，躲在船里不敢出来。

其实狮子座流星雨并不是从"狮子座"上掉下来的，而是与一颗名叫坦普尔—塔特尔的彗星有关，当它运行到近日点附近时，就会抛撒大量的颗粒，这些颗粒滑过大气层时，就会形成流星雨。因为形成流星雨的方位在天球上的投影恰好与"狮子座"在天球上的投影相重合，在地球上看起来就好像流星雨是从"狮子座"上喷射出来，因此被称为"狮子座"流星雨。

坦普尔—塔特尔彗星的周期为33年，在流星雨爆发的年份，比如说1833年美国的那次，在地球上看到很强的流星雨，这被称为"流星雨之王"。1866年比1833年的流星雨少一些，但每小时仍有6 000颗。

1866年以后，有人预测，由于行星的摄动，狮子座流星群已经远离地球，以后很难再有流星雨了。果然，33年后，到了1899年，狮王悄然无声；又过了33年，1932年的时候，狮王还是没有到来。人们纷纷猜想：看来预言是正确的，狮王不会再来了。但到了1966年11月17日清晨，沉寂了几十年的狮王卷土重来，有人统计每分钟落下的流星竟有2 300颗之多。看来狮王的脾气变得反复无常，令人难以捉摸了。

虽然狮王的来临变得不可预知，但是在平常的年份，我们仍能看到稀稀落落的流星。现在，每年的 11 月 14 日—21 日，尤其在 11 月 17 日左右，很多天文爱好者都会观测到狮子座流星雨。

或许有一天我们也能见到狮王的怒吼呢！

狮子座流星雨

第10章

诸神的花园

——十二星座的故事

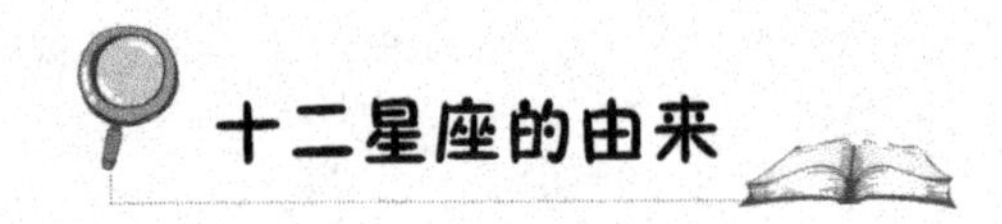

十二星座的由来

小时候，我们常常会互相询问：

“你是什么星座?”

“我是摩羯座。”

“哦，你是十二月份出生的，还是一月份出生的呢?”

“你又是什么星座呢?”

“我是金牛座。”

“哦，金牛座的人都很稳重呢!”

星座不是天上的星星吗，为什么能跟人联系起来呢，十二星座是怎么来的呢?

下面，我们就来揭秘星座的由来吧。

“白羊金牛道路开，双子巨蟹跟着来。狮子处女光灿烂，天秤天蝎共徘徊。人马摩羯弯弓射，宝瓶双鱼把头抬。春夏秋冬分四季，十二宫里巧安排。”

这首诗是拉丁诗人奥索尼乌斯写的，描述的是“黄道十二宫”的景象，就是沿着黄道分布的十二个星座。

首先，还是先来介绍一下黄道的含义：黄道是地球绕太阳公转轨道所在的平面与天球相交的圆环，与我们地球的赤道呈23°26′的交角，这是天文学上的一个定义。

2000 多年前希腊的天文学家希巴克斯为标示太阳在黄道上运行的位置，就把黄道带分成十二个区段，以春分点为 0°，自春分点（即黄道零度）算起，每隔 30° 为一宫，并以当时各宫内可见的天空当中包含的十二个主要星座来命名，依次为白羊、金牛、双子、巨蟹、狮子、处女、天秤、天蝎、射手、摩羯、水瓶、双鱼，称之为黄道十二宫，总计为十二个星群。

其实，不仅仅是在古希腊，世界上很多民族的天文学传统中都有黄道以及黄道星座的区分。黄道星座在许多古代民族的历史上，如历书的编制、节日的规定、时代的划分上，都起了很大的作用。

因为地球在公转时同时自转，所以太阳每个月都会处在黄道 12 等分之一的某个区域。

我们一般在占星学中谈论的“星座”，指的是以地球上的人为中心，以人出生地、出生时间比对太阳运行到黄道十二宫上哪一个星座的位置，从中获得相应信息。占星学认为天象会反映、支配着人类活动，把每一个星座出生的人分成一类，认为他们具有相似的性格和命运，并试图利用星座来解释人的性格和命运。这并没有科学道理。比如金牛座的人，也不一定保守和办事稳妥，用星座给人的性格和命运归类是并不可信的。

不过，关于星座还是有许多神话传说，特别是在古希腊神话当中，关于星座的动人故事有很多呢，我们就来好好了解一下吧。

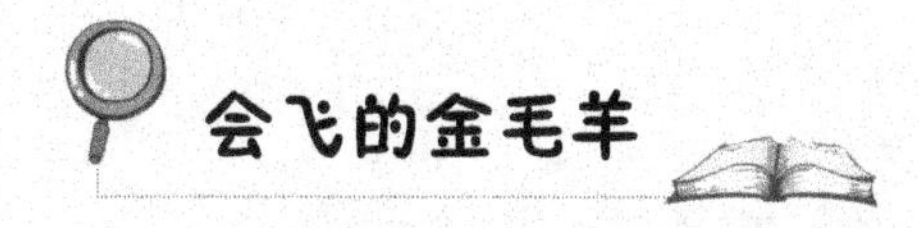

会飞的金毛羊

白羊座是十二星座的首位星座。它可不是大草原上一只白白的羊，整天担忧被狼吃掉。白羊座的守护神白羊，实际上是一只会飞的金毛羊。

关于白羊座，有一个令人感伤的神话传说。

相传，在一个遥远的国度里，国王和王后结婚后，生下了一对双胞胎兄妹。后来，国王和王后因为性格不合而分手，国王另娶了一名王后。新娶的王后在有了自己的孩子以后，就想把前王后留下的一双儿女杀死。于是，新王后想出了一个非常邪恶的阴谋。

春天来了，又到了播种的季节，新王后派人把要播种的种子炒熟后发给全国的农民。农民领到种子后，像往常一样辛勤地耕种、浇水。结果，因为种子都被炒熟了，过了好久，种子都没有发芽。被蒙在鼓里的农民百思不得其解。

这时候，新王后派人在全国散布一个谣言，谣言说，之所以种子不发芽，是因为这个国家的前王后生了一对邪恶的双胞胎，惹怒了天神，所以受到了诅咒。只有把那对双胞胎送给天神当祭品，诅咒才会被解除。否则，这个国家的土地上将再也长不出庄稼。

愤怒的农民听了之后非常着急，强烈要求国王处理这件事。国王很舍不得孩子，但为了整个国家，决定答应人们的要求。这时候，前王后听到了消息，她赶紧向天神宙斯求助。

宙斯当然知道这是新王后在背后捣鬼，于是决定帮助前王后。在行刑的当天，宙斯派出一只长着金色长毛的公羊，把那对可怜的双胞胎救走。不幸的是，在飞越大海的途中，这只公羊一个不小心，让妹妹摔到海中死去了。

后来宙斯为了奖励这只勇敢但又有些粗心的公羊，就把他升到天上，成为天上的星座，也就是今天大家所熟知的白羊座。

排在十二星座第一位的白羊座，天文符号为“♈”，可以解释成白羊的角或白羊的头部，象征着精力旺盛、勇往直前、善用脑子，有积极、活泼、自我、直接、喜欢新事物的个性。而古代阿拉伯人更将它解释为：镰刀似的角，能够开拓原始森林。

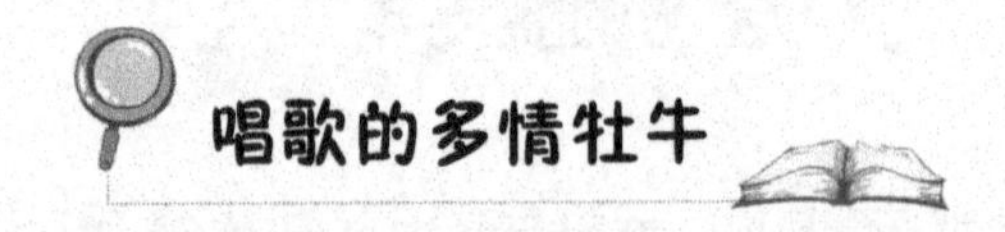

唱歌的多情牡牛

你想了解金牛座吗？现在我们先来看看古希腊神话中关于它的故事吧！

有一天，天神宙斯在人间游荡，经过某个国家时，看见这个国家的公主非常美丽，宙斯不知不觉中看得出了神，回到天上之后，仍然对这位美丽的公主念念不忘。在这个公主所属的国家中，有一座很大很漂亮的牧场，里面有数不清的牛群在吃草、嬉戏，公主时常会来到这个牧场与这群可爱的牛群一起玩耍。

就在一个风和日丽的早上，公主又出现在牧场，当她正在与牛群玩得高兴时，突然发现在牛群之中有一只特别会唱歌的牛，它的歌声非常悦耳动听，有如天籁一般，吸引着公主不自觉地朝他走去。公主一看到这只牛，马上就喜欢上了这只会唱歌的牛。因为它不仅歌声甜美，就连外表也非常好看。正当公主慢慢靠在牛的身上与它一起忘情地唱歌时，这只牛突然背起了公主朝着天空飞去。

经过了很久的飞行，这只牛终于在一块美丽的土地上停了下来，然后摇身一变成为人，向公主表达其爱慕之意。原来这只牛就是天神宙斯的化身，他因为无法抑制对公主的日夜思念，决定来向公主表白。美丽公主于是接受了宙斯的爱，两人一起回到天上生活。宙斯为纪念那表白的地方，就以公主的名字欧罗巴作为那块土地的名字。那土地正是今天的欧洲大陆。

金牛座是冬季星空中一个很美丽的星座，它在黄道十二星座中排在第二的位置上。金牛座的天文符号为“♉”，代表着牛头、牛嘴及胡须，象征着稳重、坚定的信念，不为外力所动的耐力与持久力。你看这个符号，就能看出它有多么像一头牛头部的样子了，是不是很有趣呢？

可以分享生命的好兄弟

在古希腊神话中，双子座的故事是关于手足情深的感人事迹。

传说，丽达王妃生了许多可爱的孩子，其中有两个兄弟，不光是感情特别要好，长相也几乎一模一样，很容易让人以为他们俩是一对双生子。其实，在这两兄弟中，哥哥是丽达王妃与天神宙斯所生的儿子，弟弟则是丽达王妃与巴斯达国王所生的。俩人为同母异父的兄弟，哥哥的身份是“神”，且有永恒的生命，而弟弟则是普通人。

有一天，希腊遭到了一头巨大的野猪攻击。王子们召集许多的勇士去追杀野猪，当野猪顺利地被解决后，勇士之间却因为互争功劳，在彼此之间结下了仇恨。在一次市集的热闹场合中，两边互看对方不顺眼的勇士不期而遇，当然又免不了一番争吵。在争吵中，有人开始动起武来，于是场面变得一发不可收拾，许多人都在这场打杀中受伤，甚至死亡。很不幸，两位王子当中的弟弟，也在这一场混乱之中被杀身亡。

一向与这个弟弟特别要好的哥哥，完全无法接受弟弟已经死亡的事实，抱着弟弟的尸首不停地痛哭，希望弟弟起死回生，让两人一起重享以前手足情深的欢乐日子。于是，哥哥回到天上向父亲宙斯请求，希望宙斯可以让弟弟复活。

但是宙斯向他表示，弟弟只是个普通的人，本就会死，若是真的要让弟弟复活，就必须把哥哥剩余的生命分一半给弟弟。感情深厚的哥哥当然是毫不犹豫地答应了，从此之后，兄弟俩又一起快乐地生活了。

双子座是黄道十二星座中排名第三的星座，双子座的天文符号为“♊”。你看，这多像一对勾肩搭背的双胞胎兄弟，他们分享着同样的想法，站在同样的立场；但无论在精神和肉体上，都是属于双重的，即双重的性格及双重的行为。符号上端的横线代表着心智上的联络，符号下端的横线代表两个人对客观环境的共识。

被英雄踩死的螃蟹精

要想了解巨蟹座，我们得先从一位英雄说起，他叫赫丘力。

赫丘力是宙斯和凡间女子所生的儿子，众神之王的儿子长成了世间最强壮的人，也是希腊人中最伟大的英雄。据说世上没有他办不到的事情，就连神明们都是靠着他的协助才征服了强大的巨人族。

天后希拉却很嫉妒赫丘力的神勇无敌，三番两次地要置赫丘力于死地。

有一天赫丘力来到了麦西尼王国，那个国家的人们尊敬这位英雄，举行仪式欢迎他。但麦西尼国王却因受到了天后希拉的指使，给他出了一道难题，要赫丘力以英雄的名义，杀掉住在沼泽区的九头蛇。这件事是很难办的，因为这些蛇有着怪异的能力，每砍掉一个头便会马上生出无数个头。

赫丘力想到了一个办法，他用火把蛇头一个个烧焦，就这样轻易地解决了八个蛇头。

眼看只剩最后一个了，希拉在天上见此气得怒火中烧，"难道这次又失败了？"她不甘心啊！于是就从海里叫来一只巨大的螃蟹，要阻碍赫丘力，试图把这个英雄击倒。

巨蟹伸出了强有力的双螯夹住赫丘力的脚，但是谁都知道，赫丘力是世间最健壮的人，这只巨蟹最后仍是死在赫丘力的大力之下。

希拉又失败了。巨蟹忠于使命牺牲了自己，即使没有成功，希拉仍要嘉奖它，把它放置在天上，也就成了巨蟹座。

巨蟹座是黄道十二星座中排名第四的星座，巨蟹座的天文符号为"♋"，可以解释成螃蟹的两对大钳子，或者是女性的胸部，象征着善于滋养别人及保卫别人，也兼及自己。它有着很坚强的躯壳，但是它的内在都是纤细、敏感而且柔弱的。

万兽之王的雄狮

一声吼叫，百兽俯首，这就是兽王狮子的威凌风范。

十二星座中也有一头凶猛的狮子，这就是狮子座。

相传狮子座的由来也与伟大的赫丘力有关。

因为赫丘力天生神力。天后希拉对宙斯的风流行為十分恼火，在赫丘力还是婴儿的时候，希拉就放了两条巨蛇在摇篮里，希望蛇将赫丘力咬死。没想到，赫丘力顺利地将蛇杀死，保住了性命。

希拉当然不会因为一次失败就放弃杀死赫丘力，她故意让赫丘力发疯后打自已的妻子。赫丘力清醒了以后十分伤心，决定要以苦行来洗清自己的罪孽，他来到麦西尼请求国王派给他任务。谁知道国王受希拉的指使，赐给他十二项难如登天的任务，而且必须在十二天内完成，其中之一是要杀死一头食人狮。

这头狮子平时住在森林里，赫丘力进入森林中寻找它。森林中一片寂静，因为所有的动物都被狮子吃得干干净净，赫丘力寻找累了就打起瞌睡来。就在此刻，巨狮子从一个有双重洞口的山洞中昂首而出。赫丘力睁眼一看，天啊！食人狮有一般狮子的五倍大，身上沾满了动物的鲜血，更增添了几分恐怖。

赫丘力先用神箭射他，再用木棒打他，都没有用，巨狮竟然刀枪不入。最后赫丘力只好和狮子肉搏，过程十分惨烈，最后还是用蛮力勒死了狮子。

食人狮虽然死了，但希拉为纪念它与赫丘力奋力而战的勇气，将食人狮丢到空中，变成了狮子座。

狮子座是黄道十二星座之一，排在第五位置上。狮子座的天文符号为“♌”，可以解释成万兽之王。“狮子”的鬃毛和那有着夸耀作用的尾巴，象征着好大喜功的个性。

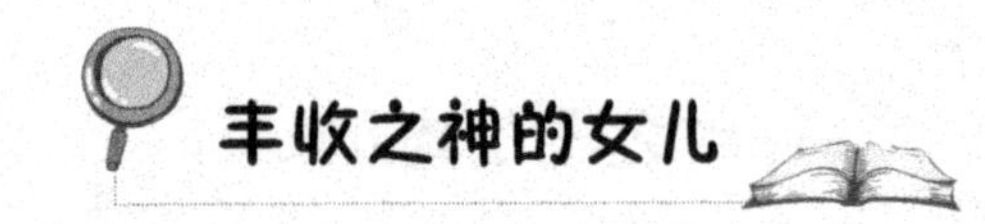

丰收之神的女儿

在古代星图中，处女座被想象成一个美丽的女神，身上长着一对翅膀，左手抱着一捆麦穗，右手拿着一把镰刀，她就是人间管理谷物的农业之神、希腊的大地之母狄蜜特。

女神狄蜜特有一个美丽的独生女泊瑟芬，她是春天的灿烂女神，只要她轻轻踏过的地方，都会开满娇艳欲滴的花朵。有一天她和同伴正在山谷中的一片草地上摘花，突然间，她看到一朵银色的水仙，香味飘散在空气中。泊瑟芬想：“它比我见到的任何一朵花都漂亮！美得让人心醉。”

于是她远离同伴偷偷地走近，伸手正要碰那朵水仙花儿。突然，地底裂开了一个洞，一辆马车由两匹黑马驾着，冲出地面。原来车上坐着的是冥王海地士，他因爱慕“最美的春神”泊瑟芬，设下诡计掳走了她。

泊瑟芬的呼救声回荡在山谷、海洋之间，当然，也传到了母亲狄蜜特的耳中。狄蜜特非常悲伤，她抛下了待收割的谷物，飞过千山万水去寻找女儿。人间少了大地之母，种子不再发芽，肥沃的土地结不出成串的麦穗，人类都要饿死了。

宙斯看到这个情形只好命令冥王放了泊瑟芬，冥王不得不服从宙斯。但他却心生诡计，临走前给泊瑟芬一颗果子，一旦她吃了这颗果子便无法在人间生活。泊瑟芬不知是计，禁不住诱惑吃下了果子。

宙斯没有办法，只好对冥王海地士说：“一年之中，你将只有四分之一的时间可以和泊瑟芬在一起。”

从此以后只要大地结满冰霜，寸草不生的时候，人们就知道这是因为泊瑟芬又去了地府。

处女座象征着春神泊瑟芬的美丽与纯洁，母亲养育的麦穗也成为了她手持之物。即使如此，她再也不是那个无忧无虑、嬉戏于草地上的少女，每年春天她虽然会复活，依旧明艳动人，但地狱的可怕气氛却永远伴随着她。

处女座是黄道十二宫中排在第六位置的星座，处女座的天文符号为“♍”，是个有点神秘的符号，各方的解释不相同：有的说是圣母玛丽亚名字的首个字母“M”；或说是指这个星座的守护星——“水星”。无论如何，它尾端的交叉是象征着讲求实际、脚踏实地和自我压抑的性格。

正义女神之秤

在远古时代，人类与神都同样居住在地上，一起过着和平快乐的日子。

可是人类愈来愈聪明，不但学会了建房子、铺道路，还学会了钩心斗角、欺骗、偷盗等恶习。许多神仙都受不了，纷纷离开人类，回到天上居住。

在众神之中，有一位代表正义的女神，并没有对人类感到灰心，依然与人类住在一起。不过人类变得更加丑恶，开始有了战争等彼此残杀的事情发生。最后连正义女神都无法忍受，毅然决然地搬回天上居住。但这并不表示她对人类已经绝望，她依然认为人类有一天会觉悟，会回到过去善良纯真的本性。

回到天上的正义女神，在某一天与海神不期而遇，海神嘲笑她对人类愚蠢的信任，两人随即发生了一场辩论。辩论当中，正义女神认为海神侮辱了她，必须向她道歉，海神不这么认为。两人僵持不下，吵到宙斯那里。

这种情形让宙斯感到很为难，因为正义女神是自己的女儿，而海神又是自己的弟弟，偏向哪一方都不行。正当宙斯为此感到很头大时，王后适时地提出了一个建议，要海神与正义女神比赛，谁输了谁就向对方道歉。

比赛的地点就设在天庭的广场中，由海神先开始。海神用他的棒子朝墙上一挥，裂缝中马上就流出了甘甜的水。正义女神则变了一棵树，这棵树有着红褐色的树干、翠绿的叶子以及金色的橄榄，最重要的是，任何人看了这棵树都能从中感到爱与和平。比赛结束，海神心服口服地认输。

宙斯为了纪念这样的结果，就把随身携带象征正义、公平的秤往天上一抛，成为现今的天秤座。

天秤座是黄道十二宫中排在第七位置的星座。天秤座的天文符号为“♎”，可以说是令人一目了然，一看就知道是一把四平八稳的秤。在黄道十二宫中，天秤代表着公平和正义，掌管着一个国家的法律与外交。因此天秤座是绝对要求平衡的星座，在平衡中必须公正，天秤座同时也具有谦和有礼的特性。

酿成巨祸的冲动者

传说，太阳神阿波罗有一个儿子叫巴野顿。

巴野顿英俊潇洒，他也因此很自负，态度总是傲慢且无礼。好强的个性常使他无意间得罪了不少人。

有一天，有个人告诉巴野顿说："你并非太阳神的儿子！"说完大笑，扬长而去。好强的巴野顿怎能咽得下这口气，于是便问自己的母亲："我到底是不是阿波罗的儿子？"但是不管母亲如何再三保证他的确是阿波罗的儿子，巴野顿仍然不相信他的母亲。母亲最后对巴野顿说："取笑你的人是宙斯的儿子，地位很高，如果你仍然不相信，那么去问太阳神阿波罗吧！"

阿波罗听了巴野顿的疑问，笑着说："别听他胡说，你当然是我的儿子！"巴野顿仍执意不信。其实他当然知道太阳神从不说谎，可是他却另有目的——要求驾驶父亲的太阳车，以证明自己就是阿波罗的儿子。

"这怎么行？"阿波罗在知晓了巴野顿的意图后大惊，太阳是万物生息的主宰，驾驶太阳车一不小心就会酿巨祸。但拗不过巴野顿，阿波罗正说明着如何在一定轨道驾驶太阳车时，巴野顿心高气傲，听都没听就立刻跳上了车，疾驰而去。结果当然很惨，搞乱了日出日落的时间，地上的人、动物、植物不是热死就是冻死，弄得天昏地暗，怨声载道。

众神们为了阻止巴野顿，由天后希拉放出一只毒蝎，咬住了巴野顿的脚踝；而宙斯则用可怕的雷霆闪电击中了巴野顿。只见他惨叫一声堕落到地面，死了。人间又恢复了宁静。

为了纪念那只同时也被闪电击毙的毒蝎，天神们便将天上的一个星座命名为"天蝎座"。

天蝎座是黄道十二宫中排在第八位置的星座。天蝎座的天文符号为"♏"，作为十二星座中最神秘的星座，它的符号也有各种各样的解释及说明。尤其是它的尾部，有的说是男性的象征及符号；有的说是蝎子的刺；有的说是盘在树枝上的蛇（最早在埃及是以蛇作为天蝎座的符号）等。无论如何，这个星座永远像被一层神秘的面纱遮掩住一样，散发出不可抗拒的魅力。

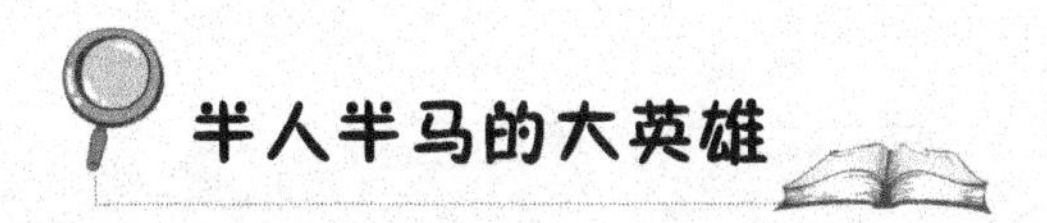

半人半马的大英雄

古希腊时，茫茫大草原中驰骋着一批半人半兽的族群，这就是人马族。很多电影中都会出现他们的形象。

人马族是一个生性凶猛的族群，但族群里有一个例外，他就是青年奇伦。奇伦虽也是人马族的一员，但他天性善良，对待朋友更是以坦诚著称，所以奇伦在族里十分受人尊敬。

有一天，希腊最伟大的英雄赫丘力来到拜访他的朋友，这位英雄是幼年时就能用双手扼死巨蛇的超级大力士。他一听说人马族也是一个擅长酿酒的民族，想到香醇的佳酿就要流口水。赫丘力也在意这酒是人马族的共有财产，便强迫他的朋友偷来给他享用，否则就打死他。所有人都知道，赫丘力是世间最强壮的人，连太阳神阿波罗都得让他三分。出于无奈，这个人马族人只有照着他的意思办了。

正当赫丘力沉醉在酒的芬芳甘醇之际，酒的香气早已弥漫了整个部落。所有人马族人都厉声斥责赫丘力，赫丘力怒气冲天，拿着他的神弓奋力追杀人马族人，人马族人仓皇逃至最受人尊敬的族人——奇伦家中。

这时奇伦在家中听见了屋外万蹄奔踏及惊慌的求救声，他连想都没想，开门直奔出去。说时迟那时快，赫丘力正拉满弓把箭瞬间射出去，竟然射中了奇伦的心脏，善良无辜的奇伦为朋友牺牲了自己的生命。

天神宙斯听见了人马族人的嘶喊，于是赶到那里，双手托起奇伦的尸体，往天空一掷，奇伦瞬间幻化成数颗闪耀的星星，形状就如人马族人。从此为了纪念奇伦，这个星座就称为“人马座”，也就是我们所说的“射手座”。

人马座是在黄道十二宫中排在第九位置的星座。人马座的天文符号为“♐”，在所有的星座符号之中，人马座可是最复杂的了：这个符号有的箭头朝右，有的箭头朝左；对这符号有人称它为天弓，有人称它射手；对这支能够自由地在天空飞翔的箭，有人认为是一种理想或者是一种解放的感觉，有人认为是热情奔放的情绪，也有人认为是象征飞驰的速度。

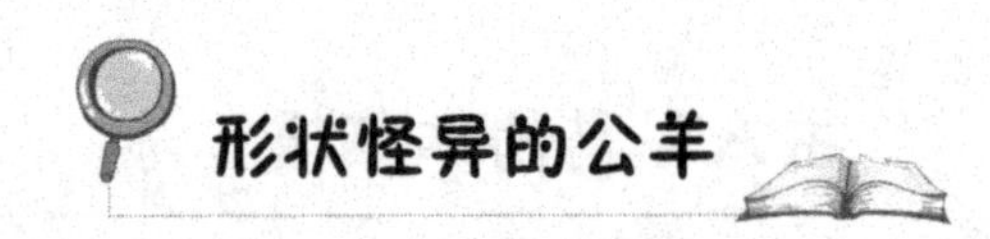

形状怪异的公羊

最早的牧羊人是谁呢？大概就是摩羯了吧，他可是给宇宙之神宙斯牧羊的人。

在希腊神话中，摩羯管着宙斯的牛羊，人们都叫他牧神潘恩。

潘恩长得十分丑陋，几乎可以用狰狞来形容。他头上生了两只角，而下半身该是脚的部分却是一只羊蹄。这样丑陋的外表，让牧神潘恩十分难堪与自卑，不能随着众神歌唱，不能向翩翩的仙子求爱。啊！谁能了解他丑陋的外表之下，也有一颗热情奔放的心呢？日日夜夜，他只能借着吹箫来纾解心中的悲苦。

一日，众神们聚在一起开怀畅饮，天神宙斯知道潘恩吹得一口好箫，便召他来为众神们演奏助兴。凄美的箫声流泻在森林、原野之中，当众神和妖精们正随着歌声如痴如醉的时候，森林的另一边，一只多头的百眼兽正呼天啸地、排山倒海地冲过来。

仙子们吓得花容失色，纷纷抛下手中的竖琴化成一只只的蝴蝶翩翩而去。而众神们也顾不得手中斟满的美酒，有的变成了一只鸟振翅而去，有的跃入河中变成了一尾鱼顺流而去，有的干脆化成一道轻烟，消失得无影无踪了。而牧神潘思，看着众神们逃的逃，溜的溜，自己却还犹豫不决。

最后他决定变成一条鱼，纵身跳入一条溪中。他选的这条溪实在太浅了，无法完全容纳他庞大的身体，所以下半身变成鱼尾，而上半身仍是一个山羊头。

后来神界将举办宴会，可是替宙斯倒酒的一个女孩子受伤了，找不到代替的人来做这项工作。宙斯非常苦恼，不晓得该怎么办。众神看宙斯这样烦恼，便帮忙找人代替，可是介绍来的女孩子，宙斯都不是很满意。

一天，阿波罗神来到特洛伊城，看到俊美的王子正在和宫女游玩。他心想，人间竟然有如此俊美的王子，于是阿波罗回到神界，把他在特洛伊城看到的情况报告给宙斯听，宙斯觉得不可思议，很想目睹特洛伊王子。

宙斯来到特洛伊城，却见到了头上生了两只角、下半身有着鱼尾的潘恩。宙斯瞧见他的模样，觉得非常有趣，于是把半羊半鱼的他化为天上的星星，成为摩羯座。

摩羯座是黄道十二宫中排在第十位置的星座。摩羯座的天文符号为“♑”，在十二星座中，摩羯座和射手座同属“非常态”的类型。射手座是人头马，而摩羯座则是只有在希腊神话中才有的“海羊”——上半身是羊头下半身是鱼尾的变种山羊。所以和其他双重组合的星座——如两条鱼的双鱼、两个秤砣的天秤、半人半兽的射手一样，是复杂、矛盾的。这符号前半的V表示山羊头，后半则是无法摆脱的鱼尾。

诸神宴席上的宝瓶

在特洛伊城里，住着一位俊美的王子。他的俊美容貌，连城中美女都自叹不如。

有一天，宙斯变成一只大老鹰，一把抓住王子回到神界。特洛伊王子来到神界，宙斯要他代替受伤的女孩为自己倒酒，于是王子无可奈何，只好待在神界。

王子非常想念家乡和家人，同时特洛伊国王也非常思念王子，不知他到哪儿去了。宙斯觉得惭愧，不忍王子一天天消瘦，于是托梦给国王，告诉他王子在神界中的情形。为了安慰国王，他送给国王几匹神马以示安慰。宙斯也让王子回特洛伊城去看望国王，然后再回神界替宙斯做倒酒的工作。

特洛伊王子从此在天上变成了水瓶，负责给宙斯倒酒。每当夜晚望着星空时，你有没有看到一个闪耀的水瓶星象？它好像正在为你倒酒呢！

宝瓶座是黄道十二宫中排在第十一位置的星座。宝瓶座的天文符号为“♒”，虽然宝瓶座指的是重生之水和智慧的源泉之意，但其符号代表的却是电波而非水波，意味着电波的接和收，正和负的两极或两端。

与所有重叠的符号（如两个人的双子、两条鱼的双鱼）所代表的星座一样，这个星座也有两种特质，与电波相同，有时相吸，有时却相斥。

爱神母子俩

有一次，美神维纳斯带着心爱的儿子小爱神丘比特，盛装打扮准备去参加一场豪华的宴会。

在这个宴会中，所有来参加的人都是天神，称得上是一场“神仙的盛宴”。众女神们一个比一个打扮得艳丽，谁也不想被其他人给比下去；至于众男神们，则是人手一只酒杯，三五成群地在高谈阔论；而顽皮的小朋友们，早就已经按捺不住，玩起捉迷藏游戏来了。

当整个宴会逐渐进入高潮，大家都陶醉于美味的食物和香浓的美酒时，突然来了一位不速之客，破坏了整个宴会的气氛。这个不速之客，有着非常狰狞的外表及邪恶的心肠，他出现在宴会上的目的，就是要破坏整个宴会，很显然，他已经达到这个目的了。他伸手把摆设食物的桌子推翻，把盆摔入水池中，可怕的表情吓坏了在场的每个人。大家开始四处乱窜，尖叫声、小孩子的哭声不绝于耳。

这时候，维纳斯突然发现儿子丘比特不见了，她紧张地到处寻找，也顾不得那位不速之客的存在。维纳斯找遍了宴会的各个角落，终于在钢琴底下找到了已经吓得浑身发抖的丘比特，维纳斯赶快把丘比特紧紧地抱在怀中。为了防止丘比特再度与她失散，维纳斯想了一个方法，用一条绳子把两个人的脚绑在一起，然后再变成两条鱼。如此一来，就成功地逃离了这个可怕的宴会。

双鱼座是黄道十二宫中排在第十二位置的星座。双鱼座天文符号为“♓”，象征着被丝带相连的西鱼和北鱼。由于它是十二星座的最后一个星座，即包含了十二个星座进化的总和，是古老轮回的结束。所以有着升华透彻的灵，又留有世俗无法割舍的欲；而这种灵与欲纠缠不清的矛盾，使得两条鱼变得像谜一样复杂。

第11章

乘坐飞船去探险

——令人着迷的太空旅行

奇妙的宇航美餐

对于生活在地球上的人来说，吃饭、喝水是一件最正常、最简单的事情。可是，对于宇宙飞船里的宇航员来说，吃饭却是一件复杂又奇妙的事情，有时候还会很痛苦。

为了节省空间和能源，宇航员携带的航天食品需要尽可能地让它体积小些，重量轻些，因而在制作上要巧费心思。

宇航员处在太空环境下的时候，身体状况将会发生一些改变，为了适应这种生理变化，宇航员的膳食营养构成随之要做适当调整。比如，为了应对太空环境下肌肉萎缩的状况，宇航员必须在膳食中摄取充足的蛋白质；为了应对骨质疏松，宇航员要摄取足够的钙、磷等营养成分。

在太空中，脱离了地球的引力，时刻处于失重状态。在这种状态之下，人和物都会虚悬于空，盛满了食物的盘子朝上或者朝下放置就没有太大区别了。因为食物不会掉在地上，而是和盘子一起漂浮着。所以，宇航员在地球上的吃饭方式到了太空中就不适用了。

一般来说，各种食物、餐具等都是固定好了的。宇航员手拿着叉子或者筷子，直接伸进装食物的袋子里夹着往嘴里送就行了。为了防止食物的残渣四处漂移，航空食品被设计成"一口吃"的小包装，吃的时候不用再分割。如果宇航员想喝水、喝汤，直接从塑料包装或者像牙膏一样的管子里，一点一点挤到嘴里就可以了。

随着技术的发展，在太空中的宇航员的食物越来越丰富。他们不仅可以吃到新鲜的蔬菜、水果，而且可以在太空舱里用特制的微波加热器来加热食物，与在地球上的饮食没有太大差别。

此外，现在的航天食品，还充分照顾到了宇航员的饮食习惯和口味要求，例如：中国会为航天员准备八宝饭、陈皮牛肉、莲子粥等中式口味的航天食品，讲究荤素搭配，色香味俱全；俄罗斯的宇航员食谱中会有罗宋汤、牛肉大麦汤、特沃劳格（一种俄罗斯乡村的坚果干酪甜点）等俄式风味的食物；美国的宇航员食谱中会有牛排、意大利面等食物。

昂贵的太空城市

大家也许在科幻片里看到过“太空城市”，那是建立在太空当中的“星空之城”，都是人们幻想出来的。然而，在21世纪到来的时候，这个幻想已经开始变为现实了。

2000年10月31日，“联盟TM－31”号宇宙飞船从哈萨克斯坦拜科努尔航天发射场发射升空。乘坐飞船的有3名宇航员，他们是美国人谢泼德、俄罗斯人吉德津科和克里卡廖夫。他们的目的地是正在建设中的“太空城市”——国际空间站。这3位宇航员成为“太空城市”的第一批长住居民，他们将在那里逗留到第二年的2月，他们的主要任务是让空间站进入正常的工作状态。

国际空间站实际上起源于美国著名的“星球大战计划”。

美国早在里根做总统期间，为了和苏联抗衡，提出了发展“星球大战计划”，准备建设“自由”号空间站。苏联解体后，昔日对美国构成的威胁已不复存在。老布什执政期间，“星球大战计划”搁浅，“自由”号空间站计划也被压缩，1993年克林顿上台后停止了“自由”号空间站的建设。

但是时任美国副总统的戈尔却对建设空间站计划非常感兴趣。在戈尔的极力主张下，“自由”号空间站的计划设想从一国建造改为多国合作项目——“阿尔法国际空间站”。当时在合作文件上签字的国家有：美国、俄罗斯、日本、加拿大，加上欧洲航天局的11个成员国——英国、法国、德国、比利时、意大利、芬兰、丹麦、挪威、西班牙、瑞士、瑞典。

这是人类航天史上首次多国合作建造的最大空间站，预计总投资1 000多亿美元。

国际空间站的建造是十分复杂的：需要进行载人航天活动，实行航天飞机与空间站的对接；宇航员要在上面训练能力、开展空间科学实验；要把主体舱和连接舱发射上去进行组装；空间站的核心部分要发射升空进行对接；还要把服务舱、居住舱、实验舱送上去组装。

建成后的国际空间站将是个“太空中的城市”，成为人类在太空中长期逗留的一个前哨站。

国际空间站包括6个实验舱和1个居住舱、3个节点舱以及平衡系统、供电系统、

国际空间站

服务系统和运输系统；总重量454吨，主结构长88米，首尾距离109米，高度44米；平均运行高度为350千米，轨道倾斜角51.6°。

所有的国际伙伴的火箭都可以到达这个轨道，这使空间站能够随时获得补给。同时，这个轨道提供了良好的观测视野，包括85%的地表覆盖，并飞过95%的人口地带。

地面上的人可以用肉眼看到它，在夜空里，除月亮和金星外，第三颗最亮的“星星”就是国际空间站。

备受质疑的登月计划

在科普书上，我们曾经看到这样的描述：

1969年7月16日，巨大的“土星5号”火箭载着“阿波罗11号”飞船从美国肯尼迪发射场点火升空，开始了人类首次登月的太空征程。美国宇航员尼尔·阿姆斯特朗、埃德温·奥尔德林、迈克尔·科林斯驾驶着阿波罗11号宇宙飞船跨过38万公里的征程，承载着全人类的梦想踏上了月球表面。

1969年7月20日下午4时17分43秒（休斯敦时间），阿波罗11号在月球着陆。

宇航员阿姆斯特朗将左脚小心翼翼地踏上了月球表面，这是人类第一次踏上月球。接着他用特制的70毫米照相机拍摄了奥尔德林降落月球的情形。他们在登月舱附近插上了一面美国国旗，为了使星条旗在无风的月面看上去也像迎风招展，他们通过一根弹簧状金属丝的作用，使它舒展开来。接着，宇航员们装起了一台“测震仪”、一台“激光反射器”……在月面上他们共停留了21小时36分钟，采回22千克月球土壤和岩石标本。7月25日清晨，“阿波罗11号”指令舱载着三名航天英雄平安降落在太平洋中部海面，人类首次登月宣告圆满结束。

不过，在登月成功后，人们开始纷纷质疑。一些科学家和科普爱好者对美国的登月资料提出疑问：

第一个疑问，月球上没有空气，也就没有风，可影像资料中航天员在月球插下的美国国旗迎风飘扬。

第二个疑问，正常情况应该是登月舱飞船停落时巨大的冲击力将月球表面撞击出一个大坑，而登月照片中的登月舱好像是被轻轻地放在地面上的。

第三个疑问，月球没有大气层，因而也就没有空气折射的问题，那么应该清晰地看到月空中群星闪耀的图景，可是登月照片上却看不到一颗星星。

第四个疑问，月球表面只有一个光源——太阳，但宇航员却出现了多个影子，说照片是在月球上拍摄的，不可相信。

尽管美国航天局对那四个疑问做了细致并具有说服力的解释，但一些人仍然不信服。

有的人认为，美国宇航员当时是接近了月球表面，但因技术原因未能踏上月球。由于急于向全世界表功，因而伪造了多幅登月照片和一部摄影纪录片，蒙蔽和欺骗了世人。

也有人认为，载有宇航员的火箭确实发射了，但目标不是月球，而是人迹罕至的南极，在那里指令舱弹出火箭，并被军用飞机回收。随后宇航员在地球上的实验室内表演登月过程，最后进入指令舱，并被投入太平洋，完成整个所谓的登月过程。

还有许多人认为，“阿波罗11号”登月计划不可能造假。因为该计划当时是在全球实况转播的，有近亿人亲眼看到。并且，宇航员还从月球带回了岩石等真凭实据；

登月

美国宇航局有成千上万的科技、工程人员，不会一同蒙骗人；美国的传媒几乎是无孔不入，政府如有欺骗行为，媒体会发现蛛丝马迹揭开谜底。

这么多年过去了，质疑的声音仍然不断，却又没有真凭实据去否定。

那么，人类到底是否真的造访了月球？大概只有登月的两位宇航员知道吧！

太空垃圾：悬在空中的刀锋

日常生活中，人类制造了大量的垃圾，垃圾处理是件让人头疼的事情。无论填埋还是焚烧，庞大的垃圾山仍然不见减少。人类对自己地球上的垃圾山尚且疲于应对，那么当然也会对太空中的垃圾头疼。

那么，究竟什么是太空垃圾呢？它们是怎样制造出来的？它们会不会在哪天突然坠落回地球上，给我们的生活造成危害呢？

太空垃圾在20世纪50年代开始形成。1957年10月4日，苏联向太空发射了人类历史上第一颗人造地球卫星——斯普特尼克1号。从此之后，世界各国一共执行了超过4000次的发射任务，发射了许多航天飞行器。对于每个航天飞行器来说，都会在太空中留下各种各样的垃圾，大到完成任务的火箭箭体和卫星本体、火箭的喷射物，小到人造卫星碎片、漆片、粉尘，等等。虽然其中的大部分都已落入大气层燃烧殆尽，但是截至2012年还有超过4 500吨的太空垃圾残留在轨道上。美国于1958年发射的尖兵1号人造卫星报废后至今仍在其轨道上运行，是轨道上现存历史最长的太空垃圾。

别小看了这些零零碎碎的太空垃圾，如果所有的太空垃圾都是以相同的高度、方向、速度来运行的话，那么它们就会处于相对静止的状态，互不干扰。但是目前太空垃圾的状态并非如此，它们就像行驶在高速公路上的汽车，有的大、有的小，有的运行速度快、有的运行速度慢，有的运行轨道离地球较远、有的运行轨道离地球较近。当相近的两个物体像开车一样“变道”时，很有可能会相撞，就如同高速公路上发生车祸一样。

由于太空垃圾的飞行速度很快，如果撞击到航天器表面，轻者会留下凹坑，重的会给航天器以沉重打击，造成部分系统功能失效，甚至会产生灾难性的后果。

我们要知道，一个仅10克重的太空碎片的太空撞击能量，不亚于一辆以100千米/时速度行驶的小汽车所产生的撞击能量；而一颗直径为0.5毫米的金属微粒，足以戳穿舱外航天服。宇航员出舱在太空行走时，如果被迎面而来的碎片打在宇航服上，就会带来很大问题。

为了应对太空垃圾，各国的航天专家们采取了多种对策。比如停止将工作的卫星推进到其他轨道上去，以免同正常工作的卫星发生碰撞；用航天飞机把损坏的卫星带回到地球，以减少空间的大件垃圾。此外，对一些已经存在的大型太空垃圾，则采用监测系统来进行监测。

据说，太空垃圾坠入地球伤人的概率为二百亿分之一。到今天为止，并没见有哪个人因为太空垃圾的坠落而受到伤害。

人造卫星到底是怎么回事

日落后的傍晚或者是在黎明时分，当我们仰望星空，有时候会看见有几颗明亮的“星星”正在缓缓地移动。它们就是环绕地球飞行的人造卫星。

1957年10月4日，在离莫斯科2000公里的哈萨克境内的拜科努尔宇宙飞行器发射场，“卫星”号火箭悄然矗立在钢铁发射架上，火箭头部的整流罩内，一个非凡的金属球整装待发。

为了发射这颗卫星，基地的一个发射台上用水泥建造了一个巨大的导流槽，用以引导火箭喷出的熊熊烈焰，导流槽的洞穴很像是海底大隧道的入口处，而在它的上面就耸立着威力无比的火箭，几支巨大、颀长的钢铁支架紧紧地钳住火箭，直到火箭起飞时，它们才会松开。

发射前的各项准备和检验工作完毕，一切正常。发射指挥中心发出最后10秒的倒计时发射指令：“10、9、8、7、6、5、4、3、2、1，发射！”

火箭在一片浓烟和烈焰的衬托下，随着隆隆的巨响徐徐升起，尾部喷出长长的火焰，火焰越拉越长，火箭越飞越快，直插云天，渐渐从人们的视野中消逝。

当全世界收听到广播里传出那神秘的电子嘟嘟声时，那个非凡的金属球正在太空中飞行。塔斯社继续报道：“伴侣1号”的飞行高度约为500英里，运行速度大约每秒25000英尺，它正以与月球相似的椭圆轨道绕地球运行，其轨道平面同赤道的倾角是65度；“伴侣1号”呈球形，直径约22.8英寸，重184磅……1957年10月5日，“伴侣1号”将再次通过莫斯科上空……

“伴侣1号”围绕地球运行了90天，于1958年1月4日重返地球，但因与大气层发生了强烈的摩擦，剧烈的高温使它顿时化为灰烬。尽管这颗简单的卫星寿命是如此之短，但它却是人类发射的第一颗人造卫星。它的发射成功表明：地球强大的引力并不能将人类永远束缚在地球摇篮之中，神秘的天国是可望也可及的。

人类历史的新纪元终于到来了！从此，人类开始了太空时代。

从第一颗人造卫星升空后，20世纪50年代末到60年代初，世界各国发射的人造卫星主要用于探测地球空间环境和进行各种卫星技术试验；60年代中期，人造卫星开始进入应用阶段，各种应用卫星先后投入使用；从 70 年代起，各种新型专用卫星相继出现，性能不断提高。一个赤道同步卫星可以把直线传播的微波发射到几乎占地球表面 1/3 的面积上，3 颗同步卫星就可以使世界各地同时收到一个地方发出的广播或电视节目。

现在，人们不仅可以通过卫星听广播、看电视，还可以给远在异国他乡的亲人打电话。

气象卫星如今已成了人们离不开的好帮手，通过分析卫星传输回来的云图，气象专家能较准确地告诉我们明天的天气情况。

如果要绘制一张中国地图，拍摄中国全境约需航空照片 150 万张，费时 10 年；如果把这活交给卫星，只需拍 400 张照片，7 天就能完成。

现在，卫星还可以导航、预报森林火灾、虫灾，估计农业收成、监视水利资源的合理利用等，卫星探矿、卫星找油更是方兴未艾。

人们已无法想象，没有卫星，世界将会多么寂寞啊！

人造卫星

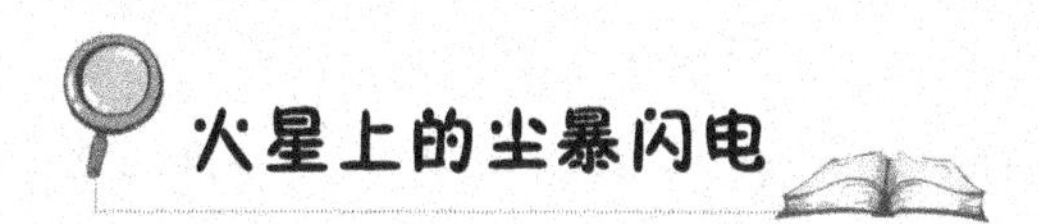

火星上的尘暴闪电

在地球上，你会经常发现一个地方出现了尘暴或风暴，有时候还可以把家禽带上天空，跟着尘暴、风暴去旅行呢！

在这些尘暴和风暴中，经常电闪雷鸣，天空好像要被劈开了一样，那场面非常可怕。

于是有人猜想，在太阳系的其他行星上，会不会也有尘暴、风暴的发生，也有电闪雷鸣呢？

美国科学家们努力研究，终于发现了火星上也会发生同样的事情。

2006年6月8日，美国科学家找到了火星尘暴中能够形成闪电的相关证据。当天火星上发生了一次尘暴，科学家们利用一架射电望远镜上的新型探测器，捕获到了闪电发出的辐射信号，首次探测到了火星闪电。

这种新型探测器是密歇根州大学安娜堡分校的克里斯托弗·拉夫率先研制出来的，是用于地球轨道气象卫星研究的。虽然科学家们一直都相信火星上也会有闪电，但是探测器所捕捉到的闪电信号之强烈还是让他们感到吃惊。

当时望远镜探测到的尘暴规模巨大，波及范围达到22英里（约35千米），这场闪电相应的也持续了几个小时之久。但是，拉夫发现火星上的闪电与地球上发生雷暴时出现的闪电并不完全相同，火星上的闪电更接近于地球上的无雷声闪电，像一道划破了云层的闪光。

拉夫认为，虽然6月8日的闪电是由一场巨大的火星风暴引起，但是“一些较小的尘暴也会发生”，由此，他得出了“火星上经常出闪电”的结论。由于电流能够孕育更为复杂的分子，所以，拉夫觉得闪电能够影响火星过去或现在可能存在的生命，生命甚至有可能因为闪电的发生而出现。

火星闪电的发现，使人们开始担心那些跋涉在火星表面的探测器以及未来的机器人或者人类探险家的安全。但事实上这些闪电并不会构成多大的威胁，就像地球上的闪电不会对地球人的安全造成巨大影响一样，只有在火星探测器所在地区云层内发生放电现象，才可能导致安全威胁。

不过，闪电引发的某些化学反应却是应该注意的，因为它们可能会影响火星大气层及表面的化学性质，产生一系列腐蚀性化合物，这些物质将会影响探测设备和仪器的正常使用。所以，科学家们准备在今后的探测仪器设计中考虑此类因素，将进一步改进技术手段。

上帝放在火星上的“纪念碑”

被称为“登月第二人”的美国宇航员巴兹·奥尔德林是个很风趣的人。当人类在

火星的卫星火卫一上发现了一块大石碑时，他说出了一句天文界的名言："当人们发现它时，他们会说，'谁将它放在那里的？到底是谁？'是宇宙放在那里的！如果你愿意相信，可能是上帝！"

太阳系八大行星之一的火星有两颗天然卫星，就是火卫一和火卫二。

在外形酷似马铃薯的火卫一上，有一整块结构特异的巨石。这种神奇的现象使奥尔德林甚至有点儿怀疑是上帝把它放在那里的。他坚定地认为，人们应该造访火星的卫星，去研究一下这块如建筑物般大小的巨石到底是从哪里来的，或者到底是谁建造出来的。

就这件事，加拿大航天局曾经资助了一项火卫一无人探测任务的研究，该研究名为"火卫一勘测与国际火星探索"。他们把那块神秘的巨石作为主要的着陆点。参与这项研究任务的科学家艾伦·希尔德布兰德博士认为，如果人们可以降落在那个物体上面，可能就不必去其他地方了。

这块看上去像是矩形纪念碑的巨石周围是否存在不明飞行物活动，还是说这个神秘物体只不过是一块相对来说在距离现在很近的时间里暴露于火卫一上的巨石？

在这个问题还没有得到完美的解答时，美国的火星探测器又在火星上捕捉到了一块类似的神秘矩形石碑。这块巨石是由"火星勘测轨道飞行器"携带的专用高清相机在165英里（约265千米）远处拍摄到的。

看上去，这块巨石就像是曾在美国导演斯坦利·库布里克执导的科幻影片《2001：太空漫游》中亮相的黑石板，它在人类进化的一个重要时刻出现。那么，这块仿佛存在雕琢痕迹的巨石是否和火星生命有关呢？这在太空迷中引发了激烈的争论。

人们纷纷在问："火星上过去是否可能存在古文明？美国宇航局是否可能早已知道答案？这难道是揭开火星谜底的最后一根稻草吗？"

但是，捕捉到原图的美国亚利桑那大学科学家们却给兴奋的太空迷们泼了一盆冷水，他们认为：这只不过是一块5米宽的普通大石头，它甚至不能被称为"整块巨石"或"某种结构"，那就意味着它是一种人造物体，好像是人类放在火星上的一样。事实上，那块大石头更有可能是从基岩裂开以后变成矩形形状的。

这所大学的阿尔弗雷德·迈克伊文教授在谈到这块巨石时说："地球、火星和其他星球上有大量矩形巨石。岩石沉积导致的分层，再加上构造带破裂，使得直角面偏

火星探测器

软，这样一来，矩形石块通常会风化，从基岩分离出来。”

这样看来，把一块巨石看成是一座雄伟的纪念碑，也许不过是人们一厢情愿的幻想。但是一些人不把它当作幻想，仍在期望有新的发现。

“黑色骑士”和不明残骸

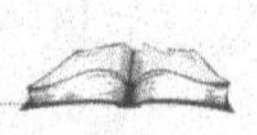

在童话《女妖和瓦西莉莎》中，有一个穿黑盔甲、骑黑马，连缰绳都是黑色的骑士。他象征着黑夜，一经出现，夜幕就会降临。他是女妖巴芭雅卡的忠实仆人，被称为“黑色骑士”。

有一颗地球的卫星，与童话故事中的这个人物同名，也被称为“黑色骑士”。它非常“怪异”，因为它的运行方向与其他卫星的运行方向恰好相反。

这颗卫星是在巴黎天文台观测站工作的法国学者雅克·瓦莱于1961年发现的。随后，按照瓦莱提供的精确数据，许多天文学家也发现了这颗环绕地球逆向旋转的独特卫星。

法国著名学者亚历山大·洛吉尔推断，“黑色骑士”可能与UFO有联系。因为那种绕地球运行的与众不同的方式，表明它具有能够改变重力的巨大能量，而这似乎只有UFO才能做到。

“黑色骑士”的秘密还没揭开，1983年，美国的红外天文卫星在北部天空执行任务时，又发现了一颗神秘的卫星。这颗体积异常巨大、具有钻石般美丽外形的卫星两次出现在猎户座方向，两次现身时隔6个月，表明它在空中的运行轨道比较稳定。

根据天文学家对卫星和地面站的跟踪研究显示，这颗卫星内部装有十分先进的探测仪器，外围有强大的磁场保护。它似乎一直在通过某种先进的扫描仪器探测地球的秘密，并使用强大的发报设备将搜集到的资料传送到了遥远的外太空。

没有人知道“黑色骑士”以及这颗诡异卫星的真正“身份”，但可以肯定的是它们不是来自地球，所以有人认为它们可能是来自外太空某一个星球的人造天体。

法国天文学家佐治·米拉博士甚至认为，在猎户星座附近出现的卫星至少已有5万年之久。

在地球轨道上运行的不仅有这些完好的外来卫星，还有一些来历不明的飞行器残骸，有人推测它们是爆炸后存留的外星太空船残骸。20世纪60年代初期，在离地球2000千米的宇宙空间里，苏联科学家发现了由10片破损的碎片组成的太空残骸，认为它们原先本是一个整体，因一次强烈的爆炸导致破碎。

10片碎片中最大的两个直径约有30米，由此，人们推断这艘太空船至少长60米，宽30米。美国核物理学家与宇航专家斯丹顿·费德曼认为在一段时间之后，人类有能力把这些残骸重新拼合起来。根据设想的飞船结构，这架飞船内部设备非常先进，还有供探视使用的舷窗，外部有一定数目的小型圆顶，大概是装设望远镜、碟形无线以供通信用的。

但到目前为止，科学家们依然不知道那颗5万年前被发射升空的人造卫星究竟是从何而来的，它绕地球运动的目的又是什么，也不知道在地球轨道上漂浮着的太空船残骸又是怎样来到地球并被毁灭的。

无边神秘的宇宙，总是给人们带来了太多的猜想，其中种种的“谜团”，等待人们去一一揭开它的面纱。

第九章

天文馆奇幻剧场

——有趣的天文故事

外空中神秘信号的降临

1976 年夏天，在剑桥大学的研究组工作的乔斯林·贝尔肩负着一项艰苦而又繁重的观测任务，就是观察太阳系行星际空间的闪烁现象。

贝尔所用的望远镜对整个天空扫视一遍需要 4 天时间，因此每隔 4 天，她就要详细地分析一遍记录纸带。

由于望远镜的整个装置不能移动，所以只能依靠各天区的周日运动进入望远镜的视场进行逐条扫描。贝尔必须用双眼非常仔细审视记录纸带，既要从纸带上分离出各种人为的无线电信号，又要把真正射电体发出的射电信号标示出来。

她是一个尽职尽责的工作者，无论白天还是黑夜都在努力进行她的观察和分析。

一天上午，正当贝尔全神贯注地整理一个月以来的纪录时，纸带上有一段不同寻常的记录，立刻引起了贝尔的注意，她顿生疑问："奇怪，这既不像行星闪烁的现象，也不像地球上人为的干扰，是怎么回事呢?"

贝尔是个非常细心的人，对于这种不太明显的现象，一般人是不会在意的，但贝尔却对它给予了高度的重视。她请教了她的老师，在老师的指导下，半个月后，贝尔终于得到了一个清晰的脉冲图像。

这种来自太空的神秘信号，从所记录到的曲线看上去似乎毫无规律，但仔细观测，就会发现这中间其实掩藏着一组极有规律的脉冲信号，其周期只有 1.337 秒，周期特别短，稍纵即逝，尽管周期短，却非常稳定。

"这难道是外星人从遥远的星球上，向地球发射来的联络信号?"贝尔突发奇想。

之后经过贝尔几年的观察结果表明，原来，那并非是什么外星人发来的信号，而是一个新的天体。

"那么，这到底是一个什么天体呢?"贝尔百思不得其解。

就在她愁眉不展的时候，一位科学家的话，突然在她的耳边响起，"宇宙间可能存在着一种由中子组成的恒星，它的直径特别小。"贝尔恍然大悟，"莫非这就是几十年前科学家所说的星体?"她欣喜若狂。

1968 年 2 月，贝尔和她的老师休伊什等人，在英国《自然》杂志上发表了题为

《对一个快速脉动射电源的观测》的文章，文中称他们的剑桥研究组收到了来自宇宙空间的无线电信号。

后来，经过系统观测，这类天体被贝尔等人正式命名为“脉冲星”。

神秘的战争调停者

公元前6世纪，在希腊半岛和小亚细亚半岛之间的爱琴海东岸，发生了一场残酷的战争。

当地的米迪斯和吕底亚两个大部落忽然起了争端，肥沃的土地变成了战场，和平的人间化作了鬼域世界。战火连绵不息，持续5年之久，无数人在战争中被杀死，妇女和孩子成为别人的奴隶，老人们无家可归，常常饿死或病死在路旁。

频繁而又长久的战乱使这一带地区的人民苦不堪言，看到这样的惨相，天文学家泰勒斯心急如焚。后来他想出了个消除战祸的办法，然后付诸实施。

他预先推算出公元前585年5月28日这天，当地将发生日全食。于是，他公开宣布：“上天对这场战争十分厌恶，将要吞食太阳向大家示警。”

日食

5月28日那天终于来到了，正当交战双方打得难分难解的时候，忽然间，一个黑影出现，把太阳慢慢地“吞掉”了。顿时天昏地暗，交战的双方都被推入茫茫“黑夜”。过了几分钟，太阳又复原了。

但是，这种奇异的天象使交战双方都相信了这是上天发出的警告，如果再各不相让都将被天诛灭。于是双方根据天的旨意握手言和。自此之后，这两个部落之间再没有发生过任何战争。

其实，日食纯粹是一种自然现象。太阳、月

球和地球都是在空中旋转运行的，月球和地球不发光。当月球运行到太阳与地球中间时，三者便处在一条直线上，太阳光就被月球遮住，看上去太阳上有一个黑乎乎的圆影，这就是日食。

日食有日偏食、日环食和日全食三种。日偏食是太阳圆面被月球遮住一部分，而太阳圆面其余部分仍然很光亮的现象；日环食是太阳圆面的中心部分被月球遮住，而太阳圆面边缘还露出像光环似的亮圈的现象；日全食是整个太阳圆面完全被月球遮住的现象。

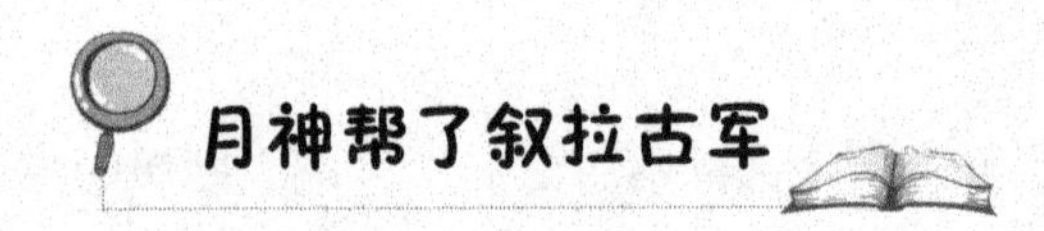

月神帮了叙拉古军

两千多年前的古希腊境内，以雅典为首的城邦联盟和以斯巴达为首的城邦联盟爆发了战争，引起的原因是为了争夺希腊的控制权。

双方的争战难分胜负，一直持续了 27 年。最终战争的转折点是西西里岛之战，而左右这一战的关键，竟然是一场月食。

公元前 413 年 8 月 27 日傍晚，雅典联邦西西里岛远征军统帅尼西亚根据战争发展形势，下达了撤军命令，雅典远征军的上百艘战舰和 3 万多名士兵都做好了撤退准备。指挥官索尼还成立了一支由精壮军士组成的后卫队，预备阻击追赶来的敌军，掩护大部队撤退。

当天夜里，正当雅典远征军顺利撤退之时，突然出现了很多斯巴达的盟友——叙拉古军队的战船。尼西亚指挥着军队向叙拉古敌军展开了猛烈的冲杀，敌军败下阵来，雅典远征军充满了胜利的喜悦。

正在这个时候，天上的月亮突然出现了阴影，慢慢地越来越大，后来，月光消失，天空中繁星闪烁，月亮变成了一个暗红的圆盘。

这其实是发生了月食，是一个正常的自然现象，但当时的雅典军队不知道具体的原因，以为这是灾难来临前的征兆，纷纷祈祷膜拜。统帅尼西亚也不知所措，于是听从预言家的建议，决定推迟 3 个 9 天后再撤军。

叙拉古军队听到雅典军因月食而停止撤军的消息后，大喜过望，立即调整了部署，加紧训练军队，制订新的作战计划。

月食

准备充分之后，叙拉古军突然向雅典远征军发动了攻击。因为毫无防备，雅典军纷纷溃败。指挥官索尼战死，统帅尼西亚被迫投降，不久之后也被处死，雅典军队有7 000余名士兵被俘后成为奴隶或苦工。

战争结束后，叙拉古军队摆上祭品，感谢月神显示月食，使叙拉古军由败转胜。

雅典远征军和叙拉古军发生战斗的时候，正好发生了月全食现象。可是当时的雅典远征军对月食产生的原因还不很了解，所以停止了撤军行动，结果大败亏输。真是可悲可叹。

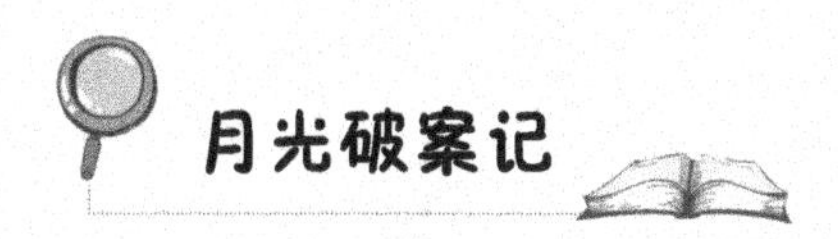

月光破案记

美国历史上的著名总统林肯年轻的时候做过律师。

他曾受理过这样一个案件：一个叫阿姆斯的人被指控谋财害命。法庭上，原告证人一口咬定自己目睹罪犯作案，他说：“10 月 18 日晚上 11 时，我在一个草堆后面，看到被告在草堆西边 30 米远的大树旁作案，月光正照在被告脸上，我看得清清楚楚。”

这时，律师林肯不慌不忙地站了起来，说：“你在说谎！10 月 18 日那天是上弦月，晚上 11 时，月亮已经西沉，不会有月亮。”就这样，他的这番辩词，赢得了这场诉讼，从而使这起冤案得以澄清。

林肯为什么能使冤案得以澄清呢？原因就在于林肯的辩词内容与月相有很大的关系。

所谓月相，是指月球圆缺的各种形状。

在农历的每月初一，当月球和太阳位于地球的同侧时，阳光照在地球背面，从地球上看，月球全部黑暗，再一点点出现边牙，这叫新月；当月球和太阳分别位于地球两侧时，月球被太阳照亮的半球正对着地球，这时在地球上观测月球，月亮的整个光亮面对着地球，这叫满月，这发生在农历十五、十六时。由新月变成满月的过程中，月亮又分上弦月和下弦月。

这个案件指控事实的 10 月 18 日，月亮是上弦月，晚上 11 时，月亮已经西沉，不应该有月光；即使证人记错了时间，把作案时间向前推，但月亮是在西边，月亮从西边照过来，照在被告人脸上，被告人脸向西，藏在树东边草堆后的证人是无法看到作案人的面容的；倘若作案人面向证人，月光照在被告人后脑勺上，证人又如何看清二三十米处的作案人是谁呢？

林肯依据月相的变化规律，分析了案情，击中了问题的要害，取得了诉讼的胜利。

假如你也有一次相似的机会，你是否也会根据月相的变化、月亮升落的时间，作出合理的判断呢？

从天而降的芝加哥大火

一个星期天，美国芝加哥街上挤满了欢乐的人群。

忽然，城东北的天气渐渐昏暗，一幢房子起火了。消防队接到警报，还来不及抬出装备，第二个火警接踵而来：离第一个火警 3 000 米外的圣巴维尔教堂也起火了。消防队立即分拨一半人去教堂救火。随后，火警从四面八方频频传来，消防队东奔西突，不知救哪处为好。

这个号称“风城”的芝加哥城，突然间四下起火。火越烧越旺，并借着风势快速蔓延，在第一个火警发出 90 分钟后，全城便陷入了一片火海之中……

惊慌失措的市民争相奔逃，在街上东跑西撞。幸亏火警发得早，人们都还没有睡午觉，没造成更多的人蒙难。但即便如此，全城被惊马踏死的和烧死的也有上千人。让人特别惊恐的是，有几百个火中逃生的人汇聚在郊区公路上，竟然集体倒毙在那里。

大火一直烧到第二天上午，中心闹市区因此而化为瓦砾。

当时报纸上报道说，是一头母牛碰翻了煤油灯，点燃了牛棚而引起这场大火的。就这样道听途说，一传十，十传百，传得沸沸扬扬，一些人也深信不疑。

但为什么会同时多处起火？集体死亡的几百人又怎样解释？亲身经历的人们一直感到十分不解。

那一天，正是 1871 年 10 月 8 日。

为了探讨这从天而降的大火原因，美国学者维·姆别林研究了许多天文档案，在比较了大气和火灾之间的关系后，提出了这次火灾的“流星雨引火”假设：

1871 年 10 月 8 日，比拉彗星分裂的一个慧核擦过地球，交会点正是美国。于是流星雨撒落下来，大部分在大气层中摩擦烧完，只有残余的陨石落到地面，这些陨石温度特别高，能使金属、石头熔融。芝加哥被这场“雨落天火”烧毁了，它周围各州的一些森林、草原都同时起火。由于陨落物里含有大量致命的物质——一氧化碳和氰，这些物质可以形成使人致命的小区域——“死亡区”，人一旦进入这个死亡区就会莫名其妙地死亡。所以，当几百个死里逃生的人来到郊区公路上时，他们正好撞入这个禁区，一个个倒地而亡。

但是，当今科学界对维·姆别林这个“流星雨引火说”并不赞同。原因是，到目前为止并没有任何实物来对此加以证明。即使是彗星物质与地球相遇，也不会造成灾难性的事件，因为不等陨石坠地，早就在高空被焚烧殆尽了。就是有个别落到地表的陨石，也不可能会酿成火灾，因为陨石擦过大气层产生的温度只限于表层，内部仍旧是冰凉的，到达地面后是不会引起火灾的。

有关这场从天而降的大火，尽管有不少科学家都提出了各自的看法，但都没有足够的证据来支撑。因此，这场意外之火以及几百人的离奇死亡，至今还是一个难解之谜。

天上掉下来的星星冻

1979年8月10日夜里，一道亮光划破天空，坠落到美国德克萨斯州达拉斯市附近。有人循着光团的坠落方向找过去，发现了三堆紫色的物体，其中一堆已经溶解了，另外两堆则被冷冻起来并被送去研究。

这就是发生在20世纪的最著名的星星冻事件。

“星星冻”是指相当奇怪的亮光或流星似的物体从天空飞过之后，落在地面上的胶冻状物质。关于这种现象的最早描述发生在1541年，之后类似的目击事件时常发生。

比如在1819年的某个深夜，一个火球慢慢出现在深邃的夜空中，缓慢移动并最终降落在美国马萨诸塞州阿默斯特市一户人家的院子里。当天晚上，这家人并没有察觉到什么不同，第二天早上，主人在家门口附近发现了一些棕色的奇特物质。

这堆物质是圆形的，直径大约为20厘米，有一层相对坚硬的外壳，掀开之后，露出柔软的中心，并释放着令人恶心的臭味。那家主人本来想把这堆东西处理掉，但发现它的颜色从棕色变成了血红色，并不断地从空气中吸取水分。他觉得有几分奇怪，于是把其中一部分收集到玻璃瓶子里。

三天之后，他惊奇地发现玻璃瓶里只剩下一层深色的薄膜，用手轻轻一捏，那些薄膜就变了纤细无味的灰烬。

在威尔士方言里，“星星冻”的意思是“来自星星的腐烂物”，所以长期以来人们一直认为星星冻和流星、陨星一样，与宇宙中的星球有着某种关系。但是美国的科学家曾经对“星星冻”进行仔细的化验，没有任何迹象证明它们是来自星星的腐烂物。

所以，科学家开始寻找更加现实的解释：有些人认为星星冻可能是鸟类的呕吐物；植物学家却相信那是一种蓝绿色的念珠藻；加拿大的一位教授认为那可能是在腐烂木头上生长出来的一种凝胶状菌类……

但上述的任何一种解释，都无法和星星冻被发现之前天空中出现的亮光联系起来。所以，星星冻的成因至今仍是个谜。

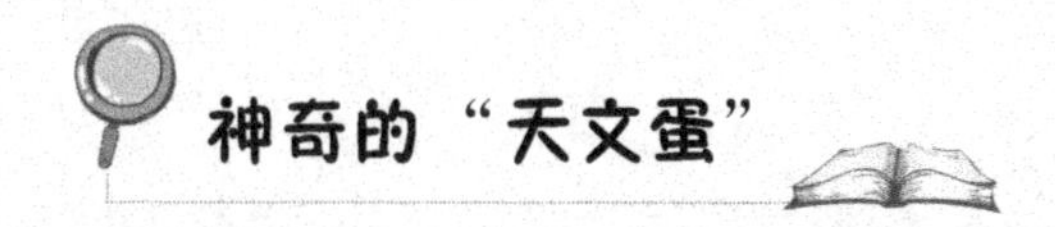

神奇的“天文蛋”

在一个小镇上，一个女孩养了一只黄母鸡，生出了一个十分奇怪的鸡蛋。这颗蛋的大小、颜色等特征与往常无异，但蛋壳上却布满了稍微突起的白色斑点，它们有规则地构成了一些星辰天体图案，其中一些白斑对应于天上的牧夫座、室女座、狮子座、猎户座，形象清晰可辨。

你可不要以为这是个故事，它可是真实地发生在中国的江苏省。差不多也是在同一个月，四川省也发现了同样的奇怪鸡蛋。这颗蛋的硬壳表面有7个突出的斑块，就像北斗七星的图案。

这就是神奇的“天文蛋”！其实，在历史上，“天文蛋”的出现一点儿也不稀奇。每次哈雷彗星造访地球边缘时，世界各地就有母鸡生出带有彗星图案的“天文蛋”来。其中有的彗星图案如雕刻的一样，怎么擦拭都擦不掉。在“天文蛋”里最常见的就是“彗星蛋”了。

大概在1682年，哈雷彗星就已对地球进行周期性的“访问”了。德国的马尔堡有只母鸡生下一个异乎寻常的蛋，蛋壳上布满星辰花纹，格外好看。1785年，英国霍伊克附近乡村的一只母鸡生下的蛋壳上清晰可见有彗星图案。1834年，哈雷彗星再次出现，希腊一个名叫齐西斯的人家里有只母鸡生下一个蛋，壳上也有彗星图。齐西斯先生还把它献给了国家，得到了一笔不少的奖金。此后，人们也经常发现天文蛋。

有人说，也许是遥远天体的运行对地球生物产生相当微妙的作用，才造成“天文蛋”的出现。尤其是日食 、彗星飞临地球等天文现象发生时，便会产生一些带有天文现象图案的“天文蛋”。不过，很多科学家还是认为这是一种偶然现象。至于天文现象会不会影响母鸡生蛋，大概也只有母鸡自己知道吧！

第13章

地球之外有生物吗

——UFO与外星人之谜

天外飞来的客人

如果有一天，你在晚间出外玩耍，或者参加学校组织的一次野外露营活动，突然，天空中降落一个庞大的发光物体。那个发光物体就像我们餐桌上的盘子，从中走出一队和我们长相不一样的外星人。

假如你遇到了这种情况，一定不要惊慌，他们应该是来做客的，说不定你会和他们成为朋友呢。那些客人只是想知道关于我们地球的许多知识，是来向你学习的，其中的孩子可能要叫你一声——老师。

而那个承载外星人的庞然发光物体，就是我们经常在新闻里听到的“不明飞行物体”，又或者，我们习惯叫它“UFO”。

UFO 是英语的缩写词，它的意思是“不明飞行物体”。这三个字母可不要忘记，它代表着天外来的神秘朋友。

一些见到过这种不明飞行物的人说，“那个神秘的发光物就像一个盘子”，因此人们又都管它们叫做“飞碟”。

古今中外，关于 UFO 的记载是很多的，我们中国古代就有过多次记录：

史书记载，公元前 32 年 8 月的一天，有人见到了天上有两个月亮。另一个“月亮”就该是我们现在所说的 UFO；史书还记载，建元二年（39 年）四月的一天，夜空中有像太阳般的发光物体出现。这恐怕也是 UFO。

究竟是谁最早发现了 UFO 呢？这是一个难以确切考证的问题。

现在的一些科学家认为，这项荣誉应该加给 19 世纪 70 年代美国的马丁。

1878 年 1 月，美国得克萨斯州的农民马丁在田间劳动，他忽然望见空中有一个圆形的物体在飞行。当时，美国有 150 家报纸争相报道马丁的发现。

因为这是人类历史上最早在报纸上记录具体是哪个人发现了“不明飞行物”的报道，因此，农民马丁就成了最早发现 UFO 的世界名人。

1947 年 6 月 24 日下午 2 时，美国爱达荷州博伊西城有一个名叫肯尼斯阿诺德的民航飞机的驾驶员，驾飞机从位于华盛顿的麦哈里斯机场起飞。当他飞到位于莱尼尔峰上空 3 500 米的高度时，突然看到眼前有一道强光闪过。

阿诺德从未见过如此奇异的光源，等他回过神来，仔细一看，惊讶地发现，眼前竟然有9个发光体，这些发光体正排成两列梯队，以跳跃的方式从贝克山方向往南高速飞来。这些飞行物像平时吃饭的碟子一样扁平，飞行的时候能够随意转变方向，飞行的速度非常快。据阿诺德事后描述，这些飞行物的速度不低于1 900千米/时。

阿诺德的空中奇遇经各大媒体报道后，他很快成为一位风云人物，“UFO”的大名也随之面世并风行一时。

从此，UFO时代正式开始。那之后至今的60多年里，世界各地一直都有关于飞碟目击事件的新闻报道。

UFO，自然现象还是骗局

UFO真的存在吗？因为我们中的绝大多数人都没有那个好运气，可以一睹不明飞行物的真貌，于是我们只能依靠想象，在脑海里勾勒它的样子，它或许是圆的，也可能是面条形状的，或者苹果状，还有可能是个面包圈状呢！

新闻报道里，目击UFO的人也将它描述得千奇百怪。有的说它像圆盘子，有的说它像草帽子，有的说它像汽车轮胎，有的说像圆锥体，有的说像个大皮球，还有的说像个大蘑菇。

有些人认为，UFO的出现属于地球上的自然现象，不是什么天外来客；有些人则深信它是来自太空深处的宇宙飞船，那些外星飞船可比地球上的先进。

由于它的出现毫无规律性而且转瞬间就消失掉了，加上目击者存在不少虚假的描述，即使是高水平的科学家，也没有办法解释所有的UFO报告。因而，有的科学家就得出一个结论：UFO可能是一种自然现象，也可能是一种幻觉、骗局。

例如，1948年的UFO事件：报纸上是这样写的：“1948年7月24日的凌晨3时40分，一位驾驶员和一位副驾驶员在驾驶DC－3型飞机时，迎面看见一个物体从他们的右上方掠过，急速上升，消失在云中，时间大约有10秒钟……这个飞行物似乎有火箭或喷气之类的动力装置，在它的尾部放射出大约15米长的火焰。该物体没有翅膀或其他突起物，但有两排明亮的窗子。”

事实上，那天正好有流星雨，所以天文学家认为这个奇怪的物体实际上是远处的一颗流星。

依照现代天文学的观测，在银河系极其广阔的宇宙空间里，为数不多的文明世界相互访问简直像大海捞针一样。假如银河系有100万个文明世界，每个世界每年必须发射10000艘飞船，才可能有一艘来到地球上。

如果按照上述说法，UFO来到地球上的几率很小。但谁又能排除有一个星球准确地找到地球了呢，也许他们的科学技术十分高超，是人类根本比不了的呢。

当今世界，的确存在着奇怪的飞行物。这些飞行物的许多行为都带有“非天然”的性质。例如：人类发现的具有奇特碟形的飞行物，它以超乎寻常的速度、加速度、巨大的电磁影响、奇异的发光特征，在人类生活的空间游行，频频向人类展示它的不凡。

那样的一个飞行实体的神奇功能，按照人类当前的科学技术是无能力办到的，甚至是不可思议的。因此，人们推断它们是外星人操纵的工具。

但是，是不是真的存在UFO，人们还需要多年的研究，又或者无意间捕获这样一个不明飞行物体，就能揭露它背后的真相了吧。

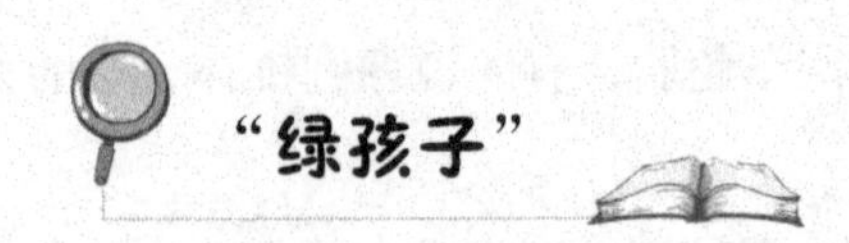

“绿孩子”

在11世纪的时候，有一个传说：一天，英国的乌尔毕特的一个山洞里走出来两个奇异的孩子。他们的皮肤是绿色的，身上穿的衣服面料也从来没有人见到过。他们会说话，告诉人们他们俩是从一个没有太阳的地方来的。

但是，绿孩子的事件并不是英国独一无二的，后来西班牙也出现过绿孩子：

1887年8月的一天，对西班牙班贺斯附近的村民们来说，是终生难忘的。

这一天，村民们正在地里干活，突然看见从一个山洞里走出两个孩子，一个是男孩，另一个是女孩。只见这两个孩子皮肤呈绿颜色，绿得像树叶一样。他们身上穿的衣服不知道是用什么材料做的。两个孩子讲的话，村民一句也听不懂。

人们简直不敢相信自己的眼睛，就小心翼翼地走到跟前仔细察看。两个孩子皮肤上的绿颜色，不是涂抹的，而是皮肤里的绿色素导致的。这两个“绿孩子”的面庞轮廓很像非洲人，但眼睛却像亚洲人。

当时，两个孩子看起来是不知所措的样子，只是惊恐地站立在那里不敢动。好奇和同情心使人们很快给孩子弄来了各种各样的食品，他们都不吃；后来，有人给他们送来刚摘的青豆，他们很香地吃了起来。

男孩子由于体质太弱，很快就死去了；而那绿女孩比较乖巧，被当地的治安法官收留以后，她那皮肤上的绿颜色慢慢地消退了，居然还学会了一些西班牙语，并能和人们交谈。

据她后来解释自己的来历时说，他们是来自一个没有太阳的地方，那里始终是一片漆黑，但与之相邻的却是一个始终光明的世界。有一天，他们被旋风卷起，后来就被抛落在那个山洞里。这和当初那两个英国绿孩子的经历非常相似。

这个绿女孩后来又活了5年，于1892年死去。至于她到底从哪里来，为什么皮肤是绿色的，人们始终无法找到答案，于是人们猜测，也许他们真的来自于一个遥远而神秘的地方。

一般来说，地球上的人有四种肤色，白种人分布在欧美，黄种人多在亚洲，黑种人多在非洲，某些太平洋岛国的人皮肤呈棕色。而绿色显然是人们没有见过的肤色，或者可以说他们不属于地球人类。

在一些神秘的飞碟事件或外星人事件中，人们总是说见到的外星人身材矮小、有绿色的皮肤。这不禁使人们想到，在英国和西班牙发现的绿孩子是不是也与外星人有关，他们是外星人的后代吗？绿孩子自称的“没有太阳的地方”，到底是哪儿？他们是如何到达地球的？这些问题始终让人们困惑不解。

科学家们努力地研究，仅在银河系就有一亿颗星球完全有望存在生命，其中有1.8万颗行星适合类人生物居住，这里面至少有10颗行星的文明能得到发展并很可能超过地球。

所以如果绿孩子事件是真实的，那么他们很可能来自于其他星球。

美国小镇的UFO坠毁事件

一天清晨，美国德克萨斯州奥罗拉镇郊区沃斯城堡小镇的居民们像往常一样，悠闲地开始了一天的生活。

但是，有个人突然停下了脚步，他表情惊恐，嘴巴微微张开似乎忘记了闭上，瞪大双眼诧异地望着天空。

旁边的路人顺着他的目光看过去，也都不由得惊呆了，只见一个巨大的银色雪茄型的物体正悬在空中。在他们的注视下，这个奇怪的飞行物撞上了普洛克特法官住宅的塔楼，瞬间爆炸了。

奥罗拉镇的居民们马上赶往普洛克特法官家的农场，希望能够看看这个飞行物是怎么回事，看看法官家是否需要帮忙。但赶到一看，这个飞行物已经在爆炸中变成了碎片，而飞行物中唯一飞行员的遗体已经严重变形了。他的尸体瘦小，看上去很奇怪，并不像正常的人类。

按照基督教的仪式，奥罗拉镇的居民埋葬了这具遗体。在一个小小的葬礼上，人们的心情都十分复杂，他们有些害怕，但更多的是好奇，这神秘的飞行物和不明生物究竟是从哪里来的？目的是什么？又是什么原因导致其与塔楼相撞并引起爆炸？

后来，人们将一块小石板放置在墓地上，以表明这里是遇难飞行员的墓地，而飞行器的残骸都被扔到了一口井内。

事件发生的时间是1897年4月17日，两天后的《达拉斯晨报》上详细刊载了这件事。这让全世界的UFO研究者们兴奋不已，他们认为那个不明飞行物应该是外星人的飞碟，遇难的飞行员一定是怀着某种目的而光临地球的“天外来客”。

这件事流传很广，但是在奥罗拉镇坠毁事件被报道以后，较长时间再没有类似的事件发生，有人就开始怀疑这可能是镇上居民制造出来的一个大骗局。

为了揭开事实的真相，1973年，“国际UFO组织”创始人海登·海威斯带着专家小组首次来到了奥罗拉镇进行实地调查。奥罗拉镇居民热情接待了他们，却没兴趣帮助他们揭开飞艇的谜团。

后来，奥罗拉镇的居民布罗雷·欧茨给调查带来了转机。罗雷·欧茨是在1945

年左右搬到这座小镇的，其住处距离飞艇坠毁地点很近，他发现房子旁边的水井里塞满了金属物质及碎片，便让人帮忙清理了一下水井。在这之后的几年中，他的手关节出现了非常严重的关节疼痛，他认为这是因为自己一直喝那口井的井水造成的，就把水井盖上水泥块，再也不用了。

海登·海威斯想要去调查这口水井，却遭到了当地居民的阻止，所有与谜团有关的关键证据就这样被封存在井里了。

2005 年，海登·海威斯再次来到奥罗拉镇。这时，城镇的规模已经明显缩小了，过去的 3 000 多名居民如今只剩下 400 多人。海威斯试图寻找那名神秘飞行员的墓地，原先那块石板标记早已经被人偷走了，埋葬飞行员的确切位置找不到了。海威斯只好再从那口水井中寻找答案。

在那口早已被水泥封住的水井上面，镇上的居民又盖了一座小屋，还在周围竖起了围栏。海登·海威斯多次申请进入那片区域，但都未得到回复，只能远距离对其进行观察。

水井的周围没有任何植物存活，海威斯认为正是由于当年填埋进去的金属碎片污染了周围的土壤，才会造成这种寸草不生的情况。虽然这只是一种猜测，但海威斯认为：至少有 85% 的概率可以确定，在这座小镇上确实发生过 UFO 坠毁事件。

外星人遗落在地球上的种族

每次看到有关 UFO 的新闻报道，人们都开始想象无限，说不定在地球上已经有外星人生活，还有他们的活动基地呢，只是我们没在身边找到而已。

1988 年，巴西古学家乔治·狄詹路博士带领 20 名学生到圣保罗市附近的山区寻找印第安人的古物。突然，一名学生失足跌落到一个洞穴中，大家下去救他时发现，这个洞穴不仅宽大，而且深不可测。他们在洞穴中找到一个巨大的密室，里面堆满了陶瓷器皿、珠宝首饰。还有一些只有 1.2 米高的小人状骷髅，头颅很大，双眼距离较一般人近得多，每只手只有两个手指，脚上也只有 3 个脚趾。

在洞内，还发现了一批原子粒似的仪器和通信工具。根据对洞内物件年份的鉴定，显示它们已超过6000年的历史。毫无疑问，这是一个曾在南美洲生活过的外星种族。博士所发现的那些外星人骸骨不但身体结构与人类不同，其智慧也远远超出人类。从发现的通信器材来看，他们应该来自另一个星系。

1987年4月，瑞典科学家希莱·温斯罗夫等人在扎伊尔东部的原始森林里进行考察时，意外发现了一个火星人居住的村落。这些火星人带领温斯罗夫等人参观了他们当年来地球时乘坐的飞船的残骸。这些火星人说，他们是为了躲避火星上流行的瘟疫，才于1812年乘飞船来地球避难的。当年来地球的共有25人，有22人先后死去，只剩下3人还活着。经过繁衍，他们的后代已经有50多人了。

科学家们发现，这些火星人特别喜欢圆形图案。他们的房屋、室内的陈设以及使用的工具及佩戴的饰品等大都是圆形的。直到现在，他们还珍藏着太阳和火星的详细地图。

被发现的“外星基地”和奇怪种族是外星种族吗？外星人的飞船是否曾经降临过地球？如果他们只是普通的地球人类，那么那些奇怪的考古发现又怎样去解释呢？

关于外星人的疑问还真的很多呢。

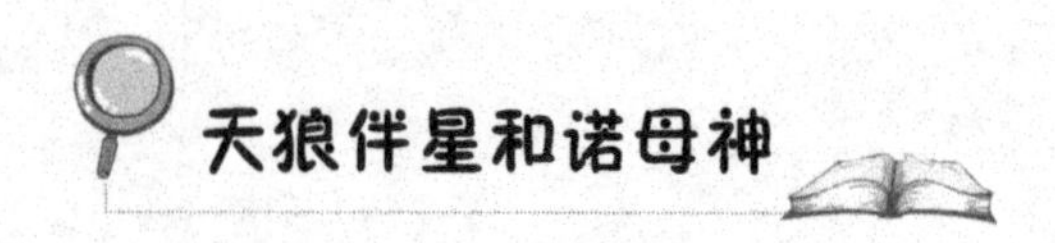

天狼伴星和诺母神

冬春季节夜晚晴朗的天空里，我们很容易看见一颗明亮耀眼的恒星，它点亮了一片天空，是那样光彩夺目，它就是天狼星。

天狼星其实是由两颗恒星组成的，其中一颗是人类能够用肉眼看得到的天狼星A，也是夜空中所能看到的最亮的恒星；天狼星A还拥有另一颗我们肉眼看不见的伴星，也就是天狼星B。由于天狼星A的亮度是天狼星B的一万倍，所以当我们仰望星空时，很难发现这颗小小的伴星。

但是，在非洲的多贡族传说中，就有关于这颗小伴星的最早记载。

多贡族是非洲的一个古老民族，他们居住在廷巴克图以南的山区，属于现在的马里共和国辖下，以耕种和游牧为生，大多数人还居住在山洞里。他们没有文字，只凭口授传述知识。多贡族的传说中曾提到了一颗叫作“波托罗”的星球，“波”是一种细小的谷物，“托罗”是星的意思，也就是说这是一颗细小如谷的星球。“波托罗”是围绕天狼星运动的，它是黑暗的、质密的、肉眼看不见的，所以多贡族人又称它是天狼星的“黑暗的伙伴”。然而，他们又说这颗星球是白色的，所以，“小、重、白”是他们总结的天狼伴星的特征。

事实证明，多贡人口头流传了400多年的传说是正确的。1834年，天文学家开始从天狼星运行的异常轨迹推测它可能拥有另一颗伴星；1862年，有人证实了天狼伴星的存在；1928年，人们借助高倍数望远镜等各种现代天文学仪器观测到它是一颗体积很小而密度极大的白矮星。它的直径大约为12000千米，比地球还稍微小一些，但是质量却达到了太阳的98%，这也就意味着它的密度十分惊人，茶杯般大的天狼伴星的物质重量可以达到12吨，这恰恰证明了多贡族传说中“最重的星”的说法。

毫无疑问，生活在非洲山洞里的多贡人显然没有高科技的天文观测仪器，那么，他们是怎样早于天文学家们发现了这颗天狼伴星呢？

在多贡族的传说中，诺母神是从天狼星系来到地球的智慧生物，它们来到地球就是为了把一些天文学知识传授给多贡族人。据说，诺母神长得既像鱼又像人，是一种两栖生物，很多时候生活在水中。它们是乘坐飞行器来到地球的，飞行器盘旋下降，发出巨大的响声并掀起大风，降落后在地面上划出了深深的印痕。至今，多贡人还保存着一张画，内容就是诺母神乘坐着拖着火焰的巨大飞船，从天而降的场景。

天狼星

此外，多贡人说诺母神还传授给他们许多天文学知识，如：多贡人有四种历法，分别以太阳、月亮、天狼星和金星为依据；他们认为宇宙的核心就是天狼伴星，它是神所创造的第一颗星；他们早就知道行星绕太阳运行，土星上有光环，木星有四个主要卫星。

如果多贡人的传说是真的，那么诺母神很可能就是一种高智商的外星生物。它们拥有高于人类的智慧，对浩渺宇宙的了解显然也要多于人类。从它们的口中，多贡人很早就知道了天狼伴星的轨道周期为 50 年（实际正确数字为 50.04 ±0.9 年），其本身绕自转轴自转（这也是事实），他们甚至还在沙上准确地画出了天狼伴星绕天狼星运行的椭圆形轨迹，这与天文学的准确绘图极为相似。

多贡人还说，天狼星系中还有第三颗星，叫作“恩美雅”，有一颗卫星一直在环绕“恩美雅”运行。虽然直至今天，天文学家仍未发现“恩美雅”，但古老的多贡族传说使人们似乎已经默认了这颗星球的存在。

第14章

仰望星空的伟大人物

——天文学家

哥白尼：扭转乾坤的操盘手

波兰的维斯瓦河畔非常美丽，历史上就有个城市叫托伦。1473 年 2 月 19 日，一个叫哥白尼的孩子在这里出生。他长到 10 岁时父亲病逝，舅父瓦琴洛德接着抚养他。18 岁时舅父把他送进了克拉科夫大学，他广泛涉猎古代天文学书籍，潜心研究“地心说”，做了大量的笔记和计算，并开始用仪器观测天象。

之后哥白尼去意大利帕多瓦大学留学。该校的天文学教授诺法拉怀疑“地心说”，认为宇宙结构可以通过更简单的绘图表现出来。在诺法拉的影响下，哥白尼萌发了关于地球自转和地球及行星围绕太阳公转的见解。

他回到波兰后，长期观测和研究天象，进一步认定太阳是宇宙的中心。他认为，行星的顺行逆行，是地球和其他行星绕太阳公转的周期不同造成的假象，表面上看来是太阳绕着地球转，但实际上是地球和其他行星一起绕太阳转。

哥白尼像

为了避免教会的迫害，他只把自己的观点写成一篇《浅说》，抄赠给他的一些朋友。

哥白尼说过这样一句话：“人的天职在于探索真理。”在探索真理的强烈冲动下，后来他坚定地把研究结果公布于众，并开始著作《天体运行论》一书。但这本书受到教会的压制，一直没能得到出版发行。

直到 1543 年 5 月 24 日，这部举世瞩目的著作才终于面世，而此时哥白尼的生命已走到了尽头。但让他永远也不会感到遗憾的是，就在他临终前的一小时，他如愿以偿地看到了自己刚刚问世的伟大著作。

在这本书中，哥白尼明确地提出了所有的行星都是以太阳为中心、并绕着太阳进行圆周运动的。乾坤就这样被扭转了，他成了“日心说”的创立者。

《天体运行论》在人类历史上第一次描绘出了太阳系结构的真实图景，颠覆了“地心说”，开辟了近代天文学的新途径。

第谷：近代天文的奠基人

1546 年 12 月 14 日，在丹麦斯坎尼亚省的一个贵族家庭，有一个被家族期盼的小男孩诞生了，他叫第谷·布拉赫。

家人们都以为，第谷将要继承的是贵族的身份和庞大的家业。事实上，他更感兴趣的却是研究星星。

1559 年，第谷进入哥本哈根大学学习，第二年 8 月，他观察了一次日食，这使他对天文学产生了极大的兴趣。1562 年，第谷转到莱比锡大学学习法律，但却利用全部业余时间研究天文学。1566 年，第谷开始到各国漫游，并在德国罗斯托克大学攻读天文学。从此，他开始了毕生的天文研究工作。

第谷的最重要发现是 1572 年 11 月 11 日观测了仙后座的新星爆发。通过前后 16 个月的详细观察和记载，他取得了惊人的成果，彻底动摇了亚里士多德的天体不变的学说，开辟了天文学发展的新领域。

1576 年，在丹麦国王弗里德里赫二世的支持下，第谷在丹麦与瑞典间的赫芬岛建立了世界上最早的大型天文台，在这里设置了四个观象台、一个图书馆、一个实验室和一个印刷厂，配备了齐全的仪器，耗资黄金 1 吨多。从 1576 到 1597 年，第谷一直在这里工作，取得了一系列重要成果，创制了大量的先进天文仪

第谷像

器，进行了很多天文观测。第谷通过观察得出了彗星距地球比月亮远许多倍的结论，这一重要结论对于帮助人们正确认识天文现象，产生了很大影响。

1599 年丹麦国王逝世。第谷移居布拉格，建立了新的天文台。1600 年，第谷与开普勒相遇，并邀请他作为自己的助手，发现并提拔开普勒是第谷一生中最大的天文学贡献。

1601 年 10 月 24 日第谷逝世，开普勒接替了他的工作，并继承了第谷宫廷数学家的职务。

第谷的大量极为精确的天文观测资料，为开普勒的工作创造了条件。第谷编著但由开普勒完成，并于 1627 年出版的《鲁道夫天文表》，成为当时最精确的天文表。

开普勒：为天空立法的人

要是有人像开普勒一样一生多灾多难，一定不会有心思去研究距离生活很遥远的天文学，而是每天想着吃饱穿暖。但开普勒却是与众不同的。

1571 年，开普勒出生时因早产先天不足；2 岁时，当军官的父亲前去参战而再无音讯；4 岁时得了天花险些丧命；接着又患上了猩红热，视力变得很差，天上的星辰对他来说只是一些微弱的发光体。

然而，开普勒却爱上了天文学。

1594 年，开普勒大学毕业成为一名数学和天文学讲师。1600 年，他接受丹麦著名天文学家第谷的邀请，成为第谷的助手。

1601 年，第谷去世，开普勒接替了第谷老师的职位，可是不仅薪金只有老师的一半，而且学校还经常欠他的工资。

开普勒侧重研究火星的运行，而当时天文学界对行星的轨道做圆周运动已成定论。

一次，开普勒的一位老师来看望他，见房子里乱糟糟的，到处都是图纸，就问他：“这些年你到底在做什么啊？”

开普勒回答：“我正在研究火星，想弄明白火星的轨道。”

“这个问题不是已经毫无争议了吗?”

“不对，我查遍了布拉赫关于火星的资料。他二十多年如一日的观察数据都表明，火星轨道与圆周运动有8′之差。”

这位老师叫道：“8′的误差，只相当于钟盘上秒针在0.02秒的瞬间走过的一点角度。在巨大的宇宙空间，这点误差应该是微不足道的，你又何必为此浪费精力。”

面对老师的不理解，开普勒不为所动，而是继续坚持不懈地研究。终于发现火星的轨道并不是圆，而是椭圆，这就是开普勒第一定律。

用他后来的话说：“这8′的区别，向我们指明了彻底改变天文学的道路。”

此后，开普勒以顽强的毅力和耐心，终于完成了开普勒三条定律，也叫“行星运动定律”，是指行星在宇宙空间绕太阳公转所遵循的定律。

这三条定律成功为“天空立法”，使神秘无边的宇宙星空逐渐显得井然有序，并为牛顿建立万有引力定律打下坚实基础。

1630年10月，为了向政府兑换手中那一摞欠薪“白条”，病体羸弱的开普勒独自上路，走到半道便一病不起，不几天就去世了。人们发现，开普勒口袋里的钱只剩下0.07马克。

开普勒葬于当地的一家小教堂。他辞世前不久，为自己书写了墓志铭：“我曾测天高，今欲量地深。我的灵魂来自上天，凡俗肉体归于此地。”

开普勒像

牛顿：一个苹果引发世界的大革命

1642年，一个名叫艾萨克·牛顿的男婴诞生在英格兰林肯郡的伍尔普索村。谁也

不会想到，这个出生时只有3磅重的孩子后来会成长为一位影响整个人类文明进程的巨人。

牛顿出生前三个月时父亲就去世了，3岁的时候母亲改嫁。学生时代的牛顿，不仅成绩平平，也没表现出与众不同的才华。

在国王中学读书的时候，牛顿曾寄宿在一位名叫威廉·克拉克的药剂师家中。可能是在那时他受了药剂师的熏陶，渐渐体会到了化学实验的乐趣。

后来，母亲迫于生活压力不得不让牛顿回家务农。牛顿常常在劳动时偷偷躲到某个角落里去读书，他的舅父发现了这个秘密后十分感动，帮助他重新回到了学校。他如饥似渴地读书，于1661年考入了剑桥大学的三一学院。

在大学学习期间，牛顿更感兴趣的是哥白尼、开普勒以及伽利略等天文学家的新思想和新学说，因此他并不被那些保守的老教授们看好，差一点放弃自然科学而转投法律专业。后因鼠疫的突然爆发，剑桥大学被迫停课两年。

23岁的牛顿不得不回到伍尔索普村暂作休养。在那段安静的日子里，牛顿认真地思考了一系列关于数学、力学以及光学方面的问题。也正是在那个时候，一颗苹果落在了牛顿的身旁，使他提出了一个伟大的问题：苹果为什么是向地面坠落而不是飞向空中？

牛顿像

就是这样一件普通人根本不会注意到的事情，启示牛顿发现了“万有引力”的秘密。通过自己建立的微积分理论，牛顿逐步完善了自己的力学体系。两年后，他顺利地取得了剑桥大学的硕士学位，并正式成为三一学院的一位职业研究员。牛顿的才华在那个时候才得以展现出来，仅仅又过了两年，27岁的他就成为卢卡斯数学教授（英国剑桥大学的一个荣誉职位）。

一个苹果带给牛顿的启示，引发了一场席卷整个世界的科技与文化革命。三大运动定律的出现，不仅彻底地改变了人们的世界观，也使近代的机械制造和天文学上的各种复杂计算成为可能。

牛顿1727年去世，英国为他举行了隆重的国葬——这也是英国第一位获得此项殊荣的科学家。有位诗人为牛顿撰写了这样的墓志铭："大自然与它的规律为夜色掩盖，上帝说，让牛顿出来吧，于是一切变得光明。"

为纪念牛顿的贡献，国际天文学联合会把662号小行星命名为牛顿小行星。

哈勃：星系天文学之父

我们现在所处的宇宙，是一个什么状态？

目前，科学界普遍认可的宇宙模型是大爆炸模型，也就是说宇宙正在膨胀，并认为从大爆炸开始后，宇宙大约已经膨胀了130多亿年。

而这一重大的发现，就得益于哈勃的观测。

哈勃1889年11月出生于美国密苏里州。1906年，17岁的哈勃考取奖学金进入了芝加哥大学，大学期间深受天文学家海尔启发，对天文学产生浓厚兴趣。1910年哈勃毕业后又去英国牛津大学学习法律。1913年，哈勃在美国肯塔基州开业当律师，但天文学吸引着他，转年他就放弃律师职业返回芝加哥大学叶凯士天文台攻读研究生，并于1918年获得博士学位。

哈勃像

1919年哈勃接受海尔的邀请，赶赴威尔逊天文台。此后，除第二次世界大战期间曾到美国军队服役外，哈勃一直在威尔逊天文台工作。

当时的天文学界，虽然牛顿已经提出了引力理论，表明恒星之间因引力相互吸引，但却没有人正式提出宇宙有可能在膨胀。由于长时间以来人们都习惯了相信永恒的真理，或者认为虽然人类会生老病死，但宇宙必须是不朽的不变的。所以，即便牛顿引力论表明宇宙不可能静止，人们依然不愿意考虑宇宙正在膨胀。

正是在这样的背景下，哈勃做出了一个里程碑式的观测。

20 世纪初，哈勃与助手赫马森合作，在他本人所测定的星系距离以及斯莱弗的观测结果基础上，最终发现了遥远星系的现状，即无论你往哪个方向上看，远处的星系都在快速地飞离我们而去。

这个结论直接表明了宇宙正在膨胀。随后，哈勃又提出了星系的退行速度与距离成正比的哈勃定律。

哈勃的观测及哈勃定律的提出，为现代宇宙学中占据主导地位的宇宙膨胀模型提供了有利证据，有力地推动了现代宇宙学的发展。此外，哈勃还发现了河外星系的存在，是河外天文学的奠基人，并被天文学界尊称为星系天文学之父。

为纪念哈勃的贡献，小行星 2069、月球上的哈勃环形山及哈勃太空望远镜都以他的名字来命名。

霍金：轮椅上的“宇宙之王”

霍金，1942 年 1 月 8 日生于英国牛津，这一天刚好是伽利略逝世三百年。这一切难道是巧合吗？还是天意呢？

小时候的霍金对模型特别着迷，十几岁时不但喜欢做模型飞机和轮船，还和同学制作了很多不同种类的战争游戏。十七岁那年因学业优良顺利入读牛津大学，毕业后转到剑桥大学攻读博士学位，研究宇宙学。

可正如西方的谚语所说：“上帝给了你一分天才，就要搭配上几分灾难。”

21 岁时，霍金患上了会导致肌肉萎缩的卢伽雷病。由于医生对此病束手无策，起初，霍金打算放弃从事研究的理想，但后来病情恶化的速度减慢了，他便重拾信心，继续醉心研究。

霍金说：“如果一个人的身体有了残疾，绝不能让心灵也有残疾。”由于疾病的原因，霍金无法写字，除了一根手指和眼睑可以活动外，几乎全身瘫痪；无法说话，跟外界交流沟通的唯一方式是借助一台语音合成器；无法动弹，整个身体被禁锢在一把轮椅上长达40多年……但就是这样一个只能坐在轮椅上的人，以常人无法想象的艰苦工作，成为继爱因斯坦之后世界上最著名的科学思想家和最杰出的理论物理学家。

20世纪70年代初，霍金和彭罗斯合作发表论文，证明了著名的奇点定理，为此他们获得了1988年的沃尔夫物理奖；他还证明了黑洞的面积定理，即随着时间的增加黑洞的表面积不会减少；随后，霍金结合量子力学及广义相对论，提出黑洞会发出一种能量，最终导致黑洞蒸发，该能量后来被命名为霍金辐射。这个发现引起了全球物理学家的重视，因为它将引力、量子力学和热力学统一在了一起，而那正是物理学家们一直想做成的事情。

1974年以后，霍金将研究方向转向了量子力学，开创了引力热力学。1983年，霍金和吉姆·和特勒提出了“宇宙无边界”，改变了当时科学家对宇宙的看法。虽然身体被禁锢在轮椅上，但霍金的思想却穿过茫茫宇宙，窥探到了许多宇宙之谜。正因为如此，人们才称呼他为轮椅上的“宇宙之王”！

这就是霍金，一个极富传奇性的人物，英国剑桥大学应用数学及理论物理学系教授，当今世界享誉国际的伟人之一，当代最重要的广义相对论和宇宙论家。

张衡：从数星星的孩子到创造浑天仪

夜幕降临了，星星像点缀在黑幕上的钻石，一闪一闪亮晶晶。一个小孩依偎在奶奶的怀抱中，仰头看天，一颗一颗地数星星。

奶奶慈爱地说：“傻孩子，天上的星星那么多，怎么数得过来，一会儿工夫，眼睛就会累了。”

孩子说：“奶奶，别看天上的星星那么多，可他们都是有规律的，就算他们在动，也都是很有规律地在动。您看，那两颗星星，距离总是一样的。”

爷爷走过来，说：“孩子，你观察得很仔细，我们的祖先也发现了这个秘密，还把这些星星都分成一组一组的，为他们取了名字。你看，那七颗星连起来像是一把勺子，我们叫它北斗星。勺子面对的那颗很亮很亮的星星，我们叫它北极星。北斗星总是围绕着北极星转动。”

听了爷爷的话，这个孩子大开眼界，一整个晚上，他都顾不上睡觉，仔细地观看星空。他看清楚了，北斗星果然绕着北极星慢慢地转动。

张衡像

这个数星星的孩子叫张衡，是中国古代东汉人。他刻苦钻研，长大后成了著名的天文学家，为中国天文学的发展做出了不可磨灭的贡献。

张衡是东汉中期浑天说的代表人物之一，他指出月球本身并不发光，月光其实是日光的反射；他还正确地解释了月食的成因，并且认识到宇宙的无限性和行星运动的快慢与距离地球远近的关系。

张衡观测记录了2500颗恒星，创制了世界上第一架能比较准确地表演天象的浑天仪，第一架测报地震的仪器——候风地动仪，还制造出了指南车、飞行数里的木鸟，等等。

为了纪念张衡的功绩，人们将月球背面的一座环形山命名为“张衡环形山”，将小行星1802命名为“张衡小行星”。

第六章

天文学家的万花筒

——天文观测仪器发展史

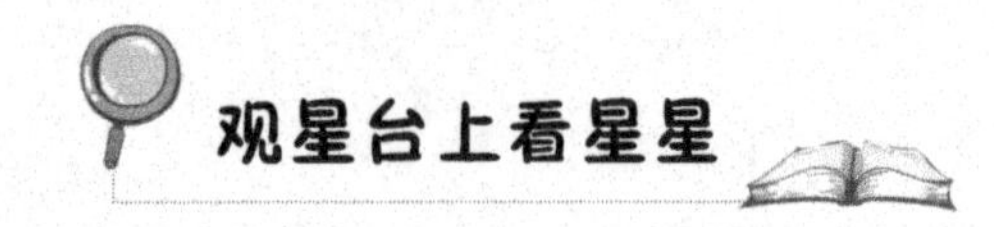

观星台上看星星

从遥远的古代开始，人们就怀着不同的心情仰望星空。许多人都把自己的梦想寄托在那些遥不可及的星星身上，为了接近自己的梦想，人们修建了许多观测星空的宏伟建筑。

美索不达米亚平原是占星术的故乡，同时也是天文学的最早发源地。居住在这里的苏美尔人非常注重对星空的观测，他们觉得天空是众神的家，那些复杂的天象就是神灵对人间的启示，因此在大大小小的神庙之上往往都筑有观星楼。乌尔观星台就是这些塔台中最为著名的一座，它台址的底层长约 61 米，宽 45. 7 米。这座观星台也曾是一座万民朝拜的神庙，如今却已经在岁月的冲刷下成为一处供人赏玩的古迹。

在古代的中亚地区，也有一座举世闻名的观星台，它以撒马尔罕曾经的统治者乌鲁伯格的名字命名。一位俄罗斯的业余考古者在一份文献记载中发现了这座观星台的具体位置，使这座代表着 16 世纪以前最高水平的观星台重见天日。

格里高利十三世是圣彼得堡教堂的教皇，这位欧洲教皇非常喜欢天文学，他曾命人在教堂所属的领地中修建了梵蒂冈天文台。格里高利到天文台巡视的时候，意外地发现本应落在日晷春分点处的阳光却发生了较大的偏离。他立刻认识到，沿用了 1 600 多年的儒略历可能并不是十分准确。

于是格里高利教皇组织了一些天文学家制订了一部全新的历法，这种被称为格里历的历法就是今天通行于世界的公历。我们如今已经看不到梵蒂冈天文台的原貌了，不过格里历却从 1582 年开始，一直沿用到今天。

位于丹麦的哥本哈根圆塔是欧洲最古老的天文台之一，它始建于 1637 年，于 1642 年最终落成，圆塔高 34. 8 米，直径 15 米。塔内的螺旋状坡道，据说能够供马车自由地上下。

与哥本哈根圆塔同样历史悠久的，是创建于 1667 年的巴黎天文台。它是法国的国立天文台，并在 300 多年的历史中培养了一大批著名的天文学家。如发现了四颗土星卫星的卡西尼家族，以及用摆锤实验证明了地球自转的物理学家傅科。巴黎天文台还一度是国际时间局的驻地，不过这个组织于 1988 年起改组，它的业务活动分别由国际地球自转服务和国际计量局承担。

中国现存最古老的天文台是位于河南省登封市告成镇的观星台，它由元代天文学家郭守敬创建，是世界上最著名的天文科学建筑物之一。

观星台（位于河南省登封市告成镇）

如今，大部分古老的天文台都已经成为一种历史的见证，它们的工作已经被众多设备先进的现代天文台所接替。

中国古代的天文观测仪器

中国古代的浑仪、日晷、沙漏、天体仪等天文观测仪器，在当时的世界上绝对是最先进的。

“浑仪”，是中国古代的一种天文观测仪器。在古代，“浑”字含有圆球的意义。

古人认为天是圆的，形状像蛋壳，出现在天上的星星是镶嵌在蛋壳上的弹丸，地球则是蛋黄，人们在这个蛋黄上测量日月星辰的位置，因此把这种观测天体位置的仪器叫作“浑仪”。

“日晷”，是中国古代利用日影测得时刻的一种计时仪器。其通常由铜制的指针和石制的圆盘组成。铜制的指针叫作“晷针”，垂直于圆盘中心，起着圭表中立竿的作用，因此，晷针又叫“表”；石制的圆盘叫作“晷面”，安放在石台上，南高北低，使晷面平行于天赤道面，这样，晷针的上端正好指向北天极，下端正好指向南天极。

“沙漏”，是中国古代一种计量时间的仪器。沙漏的制造原理与漏刻大体相同，它是根据流沙从一个容器漏到另一个容器的数量来计量时间。这种采用流沙代替水的方法，是由于中国北方冬天空气寒冷，水容易结冰的缘故。

“天体仪”，是中国古代一种用于演示天象的仪器。中国古人很早就会制造这种仪器，它可以直观、形象地了解日、月、星辰的相互位置和运动规律。它的主要组成部分是一个空心铜球，球面上刻有纵横交错的网格，用于量度天体的具体位置；球面上凸出的小圆点代表天上的亮星，它们严格地按照亮星之间的相互位置标刻。整个铜球可以绕一根金属轴转动，转动一周代表一个昼夜。利用它，无论是白天还是阴天的夜晚，人们都可以随时了解当时应该出现在天空的星空图案。

日晷

唐朝的一行和尚与梁令瓒、宋代的苏颂与韩公廉等人，把天体仪和自动报时装置结合起来，发展成为世界上最早的天文钟。

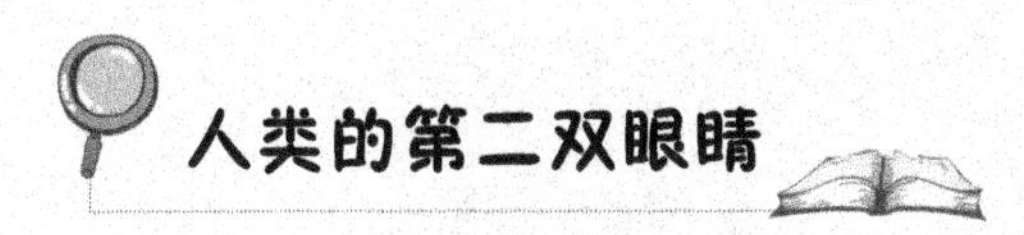

人类的第二双眼睛

在古人的眼中，大海、天空、宇宙都是浩瀚无边、难以望断的，人们认识到了自己视力的局限，于是，开始梦想能长出一双神奇的“千里眼”。

1608 年，荷兰的米德尔堡出现了奇迹。

“千里眼”出现了！

那天，眼镜匠李普希在自己的店里忙忙碌碌地替顾客磨镜片，他的儿子们在阳台上游戏。小弟弟两手各拿一块眼镜片，对着远处的景物前后比划。突然，他发现教堂尖顶的风向标变得又大又清楚，孩子们非常兴奋，立即将这一发现告诉了父亲。

李普希将信将疑，按照孩子们说的那样试验着，他将一块凸透镜和一块凹透镜组合起来，把凹透镜放在眼前，将凸透镜放在前面一点儿。当他把两块透镜对准窗外时，他差点惊叫起来，远处教堂尖顶上细小的风向标变大了，似乎近在眼前，伸手可及。

这一意外的发现立刻传遍了米德尔堡，人们纷纷来到李普希的工作室，要求一饱眼福。

李普希意识到这是一桩赚钱的买卖，立即向荷兰国会申请专利，给它取了个不伦不类的名称——“窥探镜”。同年 12 月 15 日，他向国会提供了一架经过改进的双筒窥探镜，国会奖给了他一大笔奖金。

从此，人们长了“千里眼”，世界上也有了望远镜，可惜荷兰人仅把它当作高级玩具。

望远镜的技术传到了意大利，在帕多瓦大学执教的伽利略从中受到了启发，他想，可不可以制造出一架用于天文观测的望远镜。于是，伽利略用凸透镜作物镜，用凹透镜作目镜，分别装在一根直径为 4.2 厘米，长 60 厘米的铅管两端。他还用一粗一细的两根空管套在一起，调节两片透镜的距离，以便于适合远近不同的物体和观察

伽利略像

者不同的视力。

伽利略制造的第一架天文望远镜，也叫折射望远镜，能将远处的物体放大3倍，后又提高到9倍。他邀请威尼斯参议员到塔楼顶层用望远镜观看远景，观看者都惊叹不已。随后，伽利略被参议院任命为帕多瓦大学的终身教授。

1610年初，伽利略又制成了一架可以将物体放大33倍的望远镜，直径为4.4厘米，长1.2米。为了进行天文观测，他又改进了几架望远镜，用于观测日月星辰，并有了许多新奇的发现。

这一系列的发现有力地支持了哥白尼的日心说，震惊了欧洲。

伽利略开辟了在天文观测中使用望远镜的新纪元，被誉为“近代科学之父”。

天文望远镜的“成长史”

人们为了纪念伽利略的伟大功绩，把他发明的望远镜称为伽利略式望远镜。但是作为望远镜的始祖，伽利略式望远镜的放大倍数还十分有限。

两年之后，德国的天文学者开普勒制作了一个由两片凸透镜分别充当物镜和目镜的新式望远镜。它的倍数有了显著提高，原理同伽利略式望远镜并没有本质上的不同，都属于折射式望远镜。

如果你曾在“哈哈镜”前看过镜中的自己，就会发现镜中呈现的你发生了严重的变形，有时“奇丑无比”的形象总会惹得人们哈哈大笑。之所以会产生这种神奇的效果，其实和镜面的凹凸程度有关，镜面越不平整，镜中呈现的物象变形也就越严重。

早期的折射式望远镜也存在着这样的问题，它们的物镜就像是一个个透明的“哈哈镜”，透过这些望远镜所看到的星空，经常因严重的变形而显得十分怪异。这种缺陷让天文学家们十分头疼。

后来，人们制造出一种特殊的火石玻璃，它能够在保证放大倍数的同时很好地降低物象的变形。到19世纪末期，欧洲掀起了一股制造大型望远镜的高潮，大部分口径在70厘米以上的折射式望远镜都是在那个时候建造完成的。

折射式望远镜虽然在天体观测方面有着许多杰出的表现，但是它始终无法完全克服那种“哈哈镜”式的变形。于是到了20世纪的时候，一种最早出现于1814年的反射式望远镜在经过数次改造之后，被重新应用到天文观测上来。

这种望远镜非常适合对大面积的天空区域进行观测，并且不会出现像折射式望远镜那样严重的变形。

在今天的爱尔兰比尔城堡庄园中，人们会看到一台高17米，口径达1.84米的巨型望远镜。不过它已经是19世纪的老古董了，后来的天文望远镜的身材与口径早已发生了巨大的改变 。

随着与力学、光学以及计算机和精密机械制造等领域的深入合作，现代望远镜的制造技术最终突破了镜面口径的限制。天文望远镜不仅走向了大型化，还拥有了许多非常专业的新品种。如射电望远镜、红外望远镜、紫外望远镜、X射线望远镜等。

与此同时，一些廉价而优质的微型望远镜的出现，也将天文观测引入了一个大众化的时代。

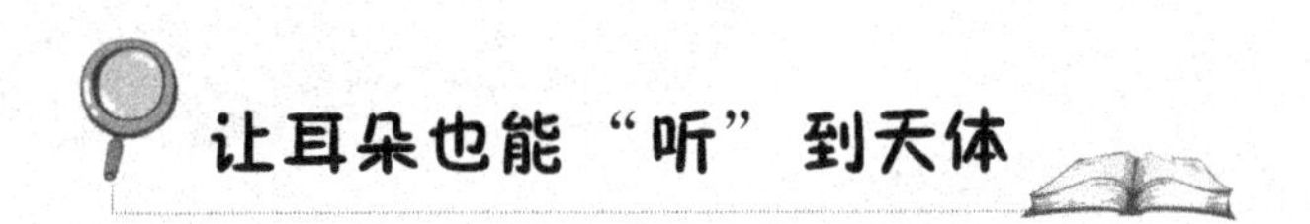

让耳朵也能“听”到天体

1931年，美国的央斯基在贝尔电话实验室进行有关长距离无线电通讯方面的研究时，发现了一种微弱的有规律的由天体传射的无线电波——射电。央斯基成了射电天文学的开创者。

1937年，青年工程师雷伯在美国芝加哥郊外自家的后院里，安装了一架直径

9.45 米的抛物面反射器，这便是世界上最早的射电望远镜。

射电望远镜的独到之处在于：传统的望远镜仅利用光学原理，而射电望远镜利用的是无线电原理。

根据射电天文学理论，所有的天体都发射电波，都是射电源。那么，观测天体射电波的主要工具就应该是射电望远镜，而非光学镜片制成的光学望远镜。从本质上看，光学望远镜不过是把人们的视力提高，而射电望远镜却是用耳朵接收无线电，让耳朵也能“听”到天体。

事实上，天线和无线电接收机就是射电望远镜，无线电天线就是传统望远镜的“镜片”。

射电望远镜的发明在人类望远镜史上发生了质的飞跃。

第二次世界大战期间，人们发现太阳的射电活动会干扰雷达接收信号，这才认识到天体射电的重要性。

战后，射电天文技术飞速发展，一个个巨大的抛物面型射电望远镜先后建立起来。20 世纪 80 年代，世界上最大的可跟踪天体的射电望远镜，在西德首都波恩附近的埃菲尔斯贝格研制成功，它的直径为 100 米。

当今，世界上许多射电望远镜正在结合起来，构成“甚长基线干涉系统”，大大提高了观测的天体的灵敏度和分辨率。

射电望远镜

射电天文望远镜的发明，在人类的眼前展现出了一幅崭新的天空图景，极大地拓展了人类的视野，揭开了一个又一个宇宙的奥秘。

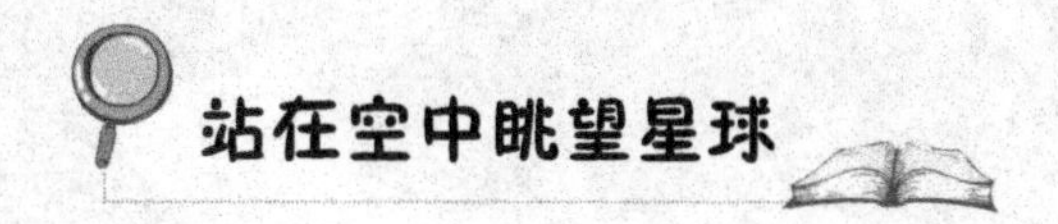

站在空中眺望星球

从空间望远镜被成功发射到太空轨道中的那一刻起，人们仰望星空再也不用担心天气的影响了。

在太空中看星星，清晰度会比用地球上最先进的望远镜来观看还要高出几十倍。宇宙空间的失重环境，也避免了仪器自身重量所带来的镜头变形。

世界上最著名的空间望远镜，就是由美国宇航局建造的哈勃空间望远镜。它从1978年开始筹建，直到1989年才最终完成，1993年又进行了一次大规模的完善。从那时起，哈勃望远镜就开始向地球传输回大量清晰而震撼的图片与相关研究数据。这些珍贵的资料对于宇宙年龄、恒星的诞生与死亡、黑洞以及其他许多有关宇宙空间的研究来说，都有着巨大而深远的意义。

欧洲空间局在2009年的时候，用火箭发射了一台名为“赫歇尔”的远红外空间望远镜。这台高7.5米，宽4米的空间望远镜是人类迄今为止，向太空中发射的最大的远红外空间望远镜。它的核心设备由七个国家的精英小组共同研发完成，这也体现了当代天文学发展的一种国际化趋势。

赫歇尔望远镜的主要任务是研究早期宇宙中的星系是如何形成的，以及各个星系在漫长的岁月中是如何演变的。它还会被用来观察彗星、行星以及其他一些小型天体的大气组成和表面化学成分。此外，赫歇尔望远镜的成功发射，对于恒星的形成与星际物质的交互作用，及宇宙分子的化学研究也有着重要的意义。

空间望远镜虽然带给了我们很多惊喜，但它还远远不是天文望远镜发展的终极成就。科学家们已经开始计划在月球上建立一座月基天文台，如果能够成功，这将会是人类历史上的又一次壮举。

不论是多么先进的机器，如果没有人的操控，都将是不会思考的“零件组合”。空间望远镜就是这种只能依靠事先设定好的观测模式来进行工作的“零件组合”，它们常常非常被动。假如真的能够在月球上建立一座长期的天文台，望远镜就会在科学家的近距离操作下发挥出更为巨大的作用。

在经历了400多年的发展之后，今天的天文望远镜更像是天文学家手中的万花

哈勃空间望远镜

筒。也许过不了多久，我们不仅可以站在月球上数星星，还可以在更为遥远的星球上眺望未来。

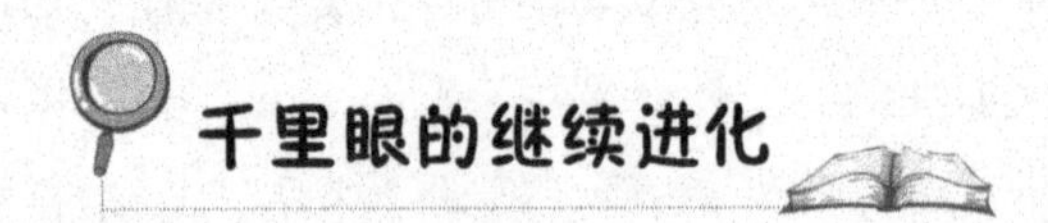

千里眼的继续进化

19 世纪 40 年代，纽约的德雷柏成功完成了一张月亮的银版照相，首次将摄影技术应用到天文学研究中去，使人类摆脱了几千年肉眼的限制，看到了更美丽的“星星”世界。虽然，德雷柏当时得到的照片无法与现在的天体摄影照片相媲美，但他的做法是意义深远的。此后，摄影技术就开始被应用到天文学研究中去。

天体摄影最大的优点在于，长时间的曝光时间，能够采集到更多的光，这样就能拍摄到从远处星系传来的微弱的光线。例如，很多时候一些星云即使人眼从望远镜中也观测不到，但在照片中却能辨认出来。不过，要拍摄一个极其暗淡的天体，常需要若干小时的曝光才能得到较清晰的图像。此外，照相技术还能很好地保存观测结果，以便在下次需要的时候可以继续使用。

到20世纪80年代的时候，光电耦合器件CCD的应用让照相底片也成为历史。应用CCD照相机，天文学家可以拍摄到望远镜采集的光线的90%，这进一步推动了天文学的研究。

随着科技水平的不断发展，新的发现和新的成果不断涌现。伽玛暴的发现，暗物质的进一步研究，大型计算机的应用，新的高能卫星的观测应用，大样本巡天观测，宇宙空洞以及宇宙长城的发现，类太阳系的发现等，都为天体物理的发展起到了巨大的推动作用。

进入21世纪，人类更将目光投向了外太空，各种新技术的研制、使用，先进的天文观测卫星的发射升空，以及各国在天文学研究上投入的大量人力、物力、财力，无疑让我们看到了人类全力探索宇宙、寻找宇宙奥秘的决心。

明天的宇宙学，人类将乘着这股技术改革之风，向宇宙的尽头不断进发。

参 考 文 献

［1］赵红蕾，付小菊．宇宙的故事［M］．北京：百花文艺出版社，2008.

［2］吉都亨．吴荣华．小学生最好奇的30个神秘宇宙故事［M］．杭州：浙江教育出版社，2006.

［3］张轩．天文的故事［M］．天津：天津科学技术出版社，2012.

［4］王岩．天文的故事［M］．西安：陕西科学技术出版社，2011.

［5］纸上魔方．小天文学家应该知道的天文故事［M］．北京：电子工业出版社，2013.